FORSCHUNGEN ZUR DEUTSCHEN LANDESKUNDE

Herausgegeben im Auftrag
der Deutschen Akademie für Landeskunde e. V.
von Otfried Baume, Alois Mayr, Jürgen Pohl
und
Manfred J. Müller
(federführend)

FORSCHUNGEN ZUR DEUTSCHEN LANDESKUNDE

Band 246

Rainer Glawion und Harald Zepp
(Herausgeber)

Probleme und Strategien ökologischer Landschaftsanalyse und -bewertung

2000

Deutsche Akademie für Landeskunde, Selbstverlag,

24937 Flensburg

Zuschriften, die die Forschungen zur deutschen Landeskunde betreffen, sind zu richten an:

Prof. Dr. Manfred J. Müller, Deutsche Akademie für Landeskunde e. V.
Universität Flensburg, Schützenkuhle 26, 24937 Flensburg

Schriftleitung: Dr. Reinhard-G. Schmidt

ISBN: 3-88143-058-X

Titelbild: Wege der Landschaft im Jahr 2000 (südliche Niederrheinische Bucht)
            Foto: H. Zepp

EDV- Bearbeitung von Text, Graphik und Druckvorstufe:
            Erwin Lutz, Kartographisches Labor, FB VI, Universität Trier

Druck: Clasen-Druck, 24903 Flensburg

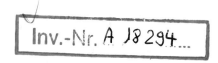

INHALTSVERZEICHNIS

*

Christa Kempel-Eggenberger

Stoffumsatz- und Abflussprozesse als Ausdruck der Sensibilität eines Einzugsgebietes

*

Michael Kelschebach und Georg Nesselhauf

GIS-gesteuerte, interdisziplinäre Zusammenarbeit bei der Bestandserfassung und Auswirkungsprognose zu dynamischen Potentialveränderungen im Landschaftshaushalt - am Beispiel obertägiger Auswirkungen des Steinkohlenbergbaus -

*

Joachim Härtling und Patrick Lehnes

Perspektiven eines logisch konsistenten Zielsystems für die Bewertung und Leitbildentwicklung am Beispiel des Landschaftsplans von St. Georgen i. Schw.

VERZEICHNIS DER ABBILDUNGEN, KARTEN UND TABELLEN (z.T. gekürzte Titel)

AUTOREN

Dipl.-Geogr. Jens Bierbaum, Geographisches Institut / Abt. Landschaftsökologie der Universität Hannover, Schneiderberg 50, D-30167 Hannover

Priv.-Doz. Dr. Rainer Duttmann, Geographisches Institut / Abt. Landschaftsökologie der Universität Hannover, Schneiderberg 50, D-30167 Hannover

Prof. Dr. Rainer Glawion, Institut f. Physische Geographie, Universität Freiburg, Werderring 4, D-79085 Freiburg

Priv.-Doz. Dr. Joachim Härtling, Institut f. Physische Geographie, Universität Freiburg, Werderring 4, D-79085 Freiburg

Dipl.-Biol. Michael Kelschebach, Institut f. Landschaftsentwicklung & Stadtplanung, Frankenstr. 332, D-45133 Essen

Dr. Christa Kempel-Eggenberger, Geographisches Institut / Abt. Landschaftsökologie der Universität Basel, Spalenring 145, CH-4055 Basel

Patrick Lehnes, Institut f. Physische Geographie, Universität Freiburg, Werderring 4, D-79085 Freiburg

Prof. Dr. Thomas Mosimann, Geographisches Institut / Abt. Landschaftsökologie der Universität Hannover, Schneiderberg 50, D-30167 Hannover

Georg Nesselhauf, Institut f. Landschaftsentwicklung & Stadtplanung, Frankenstr. 332, D-45133 Essen

Dipl.-Geogr. Jürgen Voges, Geographisches Institut / Abt. Landschaftsökologie der Universität Hannover, Schneiderberg 50, D-30167 Hannover

Prof. Dr. Joachim Vogt, Institut f. Ökologie und Biologie, TU Berlin, Rothenburgstr. 12, D-12165 Berlin; früher: Geographisches Institut der Universität Tübingen

Dipl.Geogr. Christof Zanke, Geographisches Institut der Universität Tübingen, Hölderlinstr. 12, D-72074 Tübingen

Prof. Dr. Harald Zepp, Geographisches Institut, Ruhr-Universität Bochum, D-44780 Bochum

PROBLEME UND STRATEGIEN ÖKOLOGISCHER LAND-SCHAFTSANALYSE UND -BEWERTUNG

1   EINFÜHRUNG

Auf dem 51. Deutschen Geographentag in Bonn vom 6.-11. Oktober 1997 veranstaltete der Arbeitskreis "Geoökologische Kartierung und Leistungsvermögen des Landschaftshaushalts" eine Fachsitzung. Unter dem Thema "Probleme und Strategien ökologischer Landschaftsanalyse und -bewertung" sind in diesem Band die Vorträge zusammengefaßt; ergänzend eröffnete sich – durch die späte Drucklegung – die Aufnahme des Manuskriptes von HÄRTLING u. LEHNES zur Formulierung und zum Umgang mit Zielsystemen in der Umweltplanung. Es ist bei der Fachsitzung des Arbeitskreises auf dem 52. Deutschen Geographentag in Hamburg 1999 vorgetragen worden, konnte jedoch seiner Länge wegen nicht am vorgesehenen Publikationsort ‚Berichte zur deutschen Landeskunde' erscheinen.

Der Arbeitskreis in der Deutschen Akademie für Landeskunde (früher: Zentralausschuß für deutsche Landeskunde) ist der landeskundlichen Forschung verpflichtet; seine Aktivitäten (s. ZEPP 1998) hatten neben der Förderung geoökologischer Landschaftsforschung einen ausgeprägten methodischen Schwerpunkt. Geoökologische Kartierung im traditionellen Sinne, d.h. im Sinne einer flächendeckenden geoökologischen Aufnahme, die die Übernahme vorliegender Rauminformationen einschließt, ist angewiesen auf eine sachgerechte und maßstabsangepaßte Erfassungsmethodik. Dies gilt sowohl für die Erfassung und Charakterisierung von Prozessen des Landschaftshaushalts zum Zweck der landeskundlichen Darstellung als auch für die zielgerichtete Bewertung von Funktionen und Potentialen im Rahmen angewandt-planerischer Aufgaben. Auch für die Formulierung von Leitbildern der Landschaftsentwicklung, welche in den Überlegungen zu nachhaltiger Raumentwicklung eine wachsende Bedeutung erhalten, ist eine sichere Identifikation der räumlichen Differenzierung des Landschaftshaushalts eine unverzichtbare Grundlage.

Entsprechend hat der Arbeitskreis dazu beigetragen, Methoden zur analytischen Aufnahme von Landschaftshaushaltsfaktoren und Methoden zur Integration dieser zu übergeordneten synoptisch-ökologischen Rauminformationen zu sichten, weiterzuentwickeln und zu verbreiten (LESER u. KLINK 1988, ZEPP u. MÜLLER 1999). Hinzu tritt die komplementäre Aufgabe, das Leistungsvermögen des Landschaftshaushaltes (MARKS et al. 1989) zu beurteilen und zu bewerten. Seit 1988 sind mit DFG-Förderung vier geoökologische Musterblattkartierungen im Maßstab 1 : 25 000 der TK 25 und zahlreiche Einzelprojekte zur Kartierung und Bewertung in Mitteleuropa und Übersee durchgeführt worden (z.B. BASTIAN et al. 1992, GLAWION 1988, 1993, HÜTTER 1996; vgl. zusammenfassend ZEPP 1998).

Gegenwärtige und zukünftige Aufgaben des Arbeitskreises liegen u.a. in einer konzeptionellen und methodischen Neubearbeitung der publizierten Bewertungsanleitung, in regelmäßigen Treffen und Exkursionen zur Vorstellung neuer Forschungsergebnisse zur landschaftsökologischen Erfassung und Bewertung („Blattbegehungen") sowie in einem verstärkten Gedankenaustausch zwischen Fachkollegen und Praktikern. 1999 wurden die neu konzipierten landschaftsökologischen Erfassungsstandards (ZEPP u. MÜLLER 1999) vorgelegt, die gegenüber der Kartieranleitung neue methodische Ansätze berücksichtigen. Die Anleitung ist für eine Erfassung in topischer und mikrochorischer Dimension konzipiert und in gewissem Rahmen maßstabsunabhängig. In der Neubearbeitung der Bewertungsanleitung des Leistungsvermögens des Landschaftshaushaltes (BA LVL) sollen neue werttheoretische Ansätze berücksichtigt und regionalisierte Leitbilder thematisiert werden.

Analyse und Bewertung der Landschaft waren gleichermaßen als Schwerpunkte in die Ausschreibung zur Fachsitzung aufgenommen worden. So waren die Vortragenden aufgefordert, methodische Ansätze zur Diskussion zu stellen, die eine hohe raum(-zeitliche) Differenzierung in Maßstäben > 1 : 50.000 (topische und chorische Dimension) erlauben. Das Vortragsangebot brachte eine Konzentration auf Aspekte der ökologischen Landschaftsanalyse, wobei diese entweder ausgesprochen problemorientiert konzipiert oder der ganzheitlichen Erfassung von Ökosystemstrukturen und -prozessen gewidmet sind.

2   METHODEN, MASSSTABS- UND ANWENDUNGS-PROBLEME

Insgesamt zeigen die Beiträge wesentliche neue Forschungsrichtungen in der Angewandten Landschaftsökologie auf und behandeln entscheidende neue methodische Ansätze zur Erfassung der Dynamik des Landschaftshaushalts. Dabei lassen sich gewisse grundsätzliche Gemeinsamkeiten in den Problemstellungen, verwendeten Methoden und Dimensionsstufen sowie Anwendungsmöglichkeiten erkennen, die im folgenden zusammengefaßt werden sollen. Zu den gemeinsamen Problemstellungen gehören bei allen fünf Beiträgen die Erfassung, Analyse und Modellierung von Luft-, Wasser- und Stofftransporten in Ökosystemen bzw. Einzugsgebieten, wobei aus den Modellen auch Prognosen dynamischer Landschaftshaushaltsveränderungen abgeleitet werden.

Bei der Methodenauswahl läßt sich, orientiert an der Problemstellung, eine besondere Vielfalt erkennen. Sie reicht von der Überprüfung und Weiterentwicklung empirischer Bilanzierungsverfahren und numerischer Simulationsmodelle (vgl. z.B. Beitrag VOGT u. ZANKE) bzw. Standortregelkreis-Modelle (Beitrag KEMPEL-EGGENBERGER) bis zur dimensionsübergreifenden Modellierung durch GIS-basiertes „downscaling" (Beitrag DUTTMANN et al.). Einen speziellen bioindikatorischen Ansatz verfolgen KELSCHEBACH u. NESSELHAUF mit einer multifaktoriellen Standortanalyse über Boden und Pflanzendecke und ihre Weiterentwicklung zur integrativen Sukzessionsprognose. Diese Methode basiert zwar - wie übrigens auch einige Verfahren der übrigen Beiträge - auf früheren Ansätzen der landschaftsökologischen Forschung (z.B. ELLENBERG 1992, MOSIMANN 1984), aber der methodische Fortschritt, der in der Quantifizierung, numerischen Modellierung und Prognostizierung von Landschaftshaushaltszuständen und -veränderungen inzwischen erreicht wurde, ist unübersehbar. Die Datenerhebung, -aufbereitung und -verarbeitung sowie die kartographische Darstellung erfolgen heute weitgehend über Geographische Informationssysteme.

Grundsätzlich kann man sich der Komplexität der Landschaftsökosysteme auf zwei verschiedenen Wegen nähern. Modellierung und Simulation sowie integrative Komplexgrößen versprechen gleichermaßen Fortschritte für die Bewertung des heutigen Leistungsvermögens des Landschaftshaushalts als auch für die Prognose zukünftiger Ökosystemveränderungen, welche meist durch anthropogene Eingriffe verursacht oder initiiert werden. Der Beitrag von KELSCHEBACH u. NESSELHAUF "GIS-gestützte, interdisziplinäre Zusammenarbeit bei der Bestandserfassung und Auswirkungsprognose zu dynamischen Potentialveränderungen im Landschaftshaushalt - am Beispiel obertägiger Auswirkungen des Steinkohlebergbaus" beinhaltet eine Kombination klassischer Arbeitsweisen; zusammengeführt wird pflanzenökologisches Expertenwissen mit numerischen Modellierungen, um zu integrativen pflanzenökologischen Beurteilungen zu gelangen. Die Methodik wurde entwickelt an konkreten, im Ruhrgebiet häufig vorkommenden und typischen Bewertungssituationen, sie scheint jedoch prinzipiell auf andere Räume übertragbar zu sein.

Einen weiteren Schwerpunkt der Fachsitzung stellte die Problematik der räumlich und zeitlich unterschiedlichen Skaligkeit der betrachteten landschaftsökologischen Phänomene dar. Die Maßstabsbereiche bzw. Dimensionen, in denen die Angewandte Landschaftsökologie forscht, konzentrierten sich in jüngerer Zeit immer mehr auf die topische Dimension (Maßstäbe 1 : 10 000 bis 1 : 25 000) und subtopische Dimension. Dies hatte seinen Grund darin, daß angewandt-planerische Problemstellungen vielfach auf der Ebene der Landschafts- bzw. Bauleitplanung bearbeitet werden. Auffallend ist jedoch die aktuelle Entwicklung zur dimensionsübergreifenden Bearbeitung von Fragestellungen (vgl. z.B. Beitrag DUTTMANN et al. in diesem Band und GLAWION 1993). Geleitet wurde diese Entwicklung von der Erkenntnis, daß für die Analyse und Prognose von Landschaftszuständen und –veränderungen eine Betrachtung einzelner Ökotope nicht ausreicht, insbesondere wenn es um planungsorientierte Aufgabenstellungen geht (z.B. Umweltverträglichkeitsstudien, Eingriffsregelungen etc.). Hier ist es erforderlich, je nach den Anforderungen der Planung, von der subtopischen bis zur mesochorischen Dimension maßstabsflexibel zu reagieren. Erleichtert wurde das Abrücken von starren Maßstabsbetrachtungen in der Angewandten Landschaftsökologie dadurch, daß zunehmend mit digitalen Datensätzen in Geographischen Informationssystemen gearbeitet wird, die in gewissen Grenzen maßstabsunabhängig sind.

DUTTMANN et al. greifen in ihrem Beitrag "Dimensionsübergreifende Modellierung des Wasser- und Stofftransportes am Beispiel eines GIS-basierten Downscalings" zunächst gängige Schnellverfahren zur Identifikation von Flächen mit hoher Erosionsdisposition auf. Die Autoren zeigen, wie sich anschließend - durch Maßstabsvergrößerung - die Wahl der adäquaten Modelle zur Beurteilung der Wasser- und Stofftransporte verändert. Die benutzten Modellparameter entstammen überwiegend der allgemeinen landschaftsökologischen Aufnahme, welche unmittelbar für die Datenhaltung und Informationsgewinnung mit einem geoökologischen Informationssystem konzipiert worden war.

"Niederschlags-Stoffumsatz- und Abflußprozesse als Ausdruck der Sensibilität eines Hochjura-Einzugsgebietes" behandelt KEMPEL-EGGENBERGER. Die Modellvorstellung, wie sich verschiedenskalige Teilprozesse der Abflußbildung überlagern, wird an Verschiebungen im Ionengehalt der Wässer nachvollzogen. Sie gehen zurück auf voneinander abweichende Fließwege und -zeiten in Abhängigkeit von Bodenarten, Deckschichten sowie Gesteinsarten und ihren Lagerungsverhältnissen.

VOGT u. ZANKE schließen die Lücke zwischen vereinfachenden Geländemethoden und aufwendigen Meßinstallationen in ihrem Beitrag "Die Kombination von Empirie und Simulation zur flächenhaften Bestimmung lufthygienischer Ausgleichsleistungen durch Kaltluftbewegungen". Auch sie kombinieren Erfassung und Darstellung mit modellgestützter Prognose.

Gerade die letzten drei Beiträge verdeutlichen, vor welchen Erfassungsproblemen die Landschaftsökologie und somit auch die Landschaftsbewertung stehen, wenn Prozesse - insbesondere Prozesse unterschiedlicher räumlicher und zeitlicher Skalen - abgebildet werden sollen.

Die gewählten Methoden spiegeln die intendierten Anwendungsmöglichkeiten wider. Alle Beiträge sind für bestimmte planerische Vorhaben auswertbar, wobei KELSCHEBACH u. NESSELHAUF eine Auswirkungsprognose durch geplante Eingriffe auf Biotoptypen vorstellen, die z.B. für Umweltverträglichkeitsstudien, Biotoppflegepläne oder die Aufstellung von Landschaftsplänen verwendbar ist (Schutzgüter Tiere und Pflanzen nach § 2 UVPG). Aus den Ergebnissen des Beitrags von DUTTMANN et al. lassen sich Planungs- und Vollzugsmaßnahmen zur Vermeidung von Bodenabtragsprozessen und stofflichen Belastungen in Fließgewässern ableiten (Schutzgüter Boden und Wasser nach UVPG). Der methodische Ansatz zur flächenhaften Bestimmung lufthygienischer Ausgleichsleistungen durch Kaltluftbewegungen (Beitrag VOGT u. ZANKE) ist für die Bewertung der klimatischen Ausgleichsfunktion zu verwenden (Schutzgüter Klima und Luft). Auch die Untersuchungsergebnisse zur Ökosystemstabilität und -belastbarkeit und zur Säurepufferung in einem Hochjura-Einzugsgebiet (Beitrag KEMPEL-EGGENBERGER) sind für anwendungsorientierte Fragestellungen zur Hochwasser- und Gewässerbelastungsprognose auswertbar.

Zwischen den aktuellen Methodenentwicklungen und Erkenntnissen landschaftsökologischer Forschung und ihrer Anwendung bzw. Umsetzung durch die Planungspraxis klafft leider eine zunehmende Lücke. Ursachen sind u.a. fehlende Kommunikation zwischen Wissenschaftlern und Planungspraktikern sowie fehlbesetzte Fachplanungsstellen, auf denen Personen ohne ökologische Ausbildung Entscheidungen zu folgenschweren Landschaftseingriffen treffen. Außerdem besteht der Zwang, Umweltverträglichkeitsstudien mit immer geringeren finanziellen Mitteln durchführen zu müssen, wodurch wissenschaftlich fundierte, meßtechnisch aufwendige Analyseverfahren ausscheiden. Im übrigen ist die heutige gesellschaftspolitische Tendenz, Umweltbelange geringer zu gewichten als noch vor wenigen Jahren, unverkennbar.

HÄRTLING u. LEHNES beleben die Diskussion um die Landschaftsbewertung, indem sie für die Entwicklung und Anwendung logisch konsistenter Zielsysteme in der Umweltplanung plädieren. Demnach sollen die nicht mehr hinterfragbaren primären Ziele (z.B. Schutz der menschlichen Gesundheit) bei Planungsprozessen offengelegt und die Unterziele nach dem Prinzip der Zweck-Mittel-Relationen formuliert werden. Ein derart nachvollziehbares und transparentes Zielsystem erleichtere Planungsentscheidungen und erhöhe die Akzeptanz bei den beteiligten Akteuren.

Der Arbeitskreis „Geoökologische Kartierung und Leistungsvermögen des Landschaftshaushalts" hat sich zur Aufgabe gestellt, den Methodentransfer zwischen Wissenschaft und Planungspraxis zu verbessern und die Anwendung landschaftsökologischer Forschungsergebnisse bei Behörden und Planungsbüros zu erleichtern. Die Fachsitzungen auf dem 51. und dem 52. Deutschen Geographentag dürfen als Beiträge hierzu verstanden werden.

LITERATUR

BASTIAN, O., RÖDER, M. u. SANDNER, E. (1992): Ökologische Grundlagen für den Landschaftsrahmenplan Sächsische Schweiz. – Naturschutz und Landschaftsplanung **24 / 6**

ELLENBERG, H. (1992): Zeigerwerte von Pflanzen in Mitteleuropa. – Scripta Geobotanica **18**, Göttingen, 2. Aufl.

GLAWION, R. (1988): Geoökologische Kartierung und Bewertung. – Die Geowissenschaften 6, H. **10**, 287-295

- (1993): Waldökosysteme in den Olympic Mountains und im pazifischen Nordwesten Nordamerikas: Geoökologisch-vegetationsgeographische Analysen und Bewertungen in unterschiedlichen Maßstabsbereichen. – Bochumer Geographische Arbeiten **56**, Paderborn

GLAWION, R. u. KLINK, H.-J. (1988): Geoökologische Kartierung des Meßtischblattes Bad Iburg unter Berücksichtigung des Konzeptes der GÖK 25. – In: BECKER, H. u. HÜTTEROTH, W.-D. (Hrsg.): 46. Deutscher Geographentag München, Tagungsber. u. wiss. Abh., Stuttgart, 112-119

HÜTTER, M. (1996): Der ökosystemare Stoffhaushalt unter dem Einfluß des Menschen – geoökologische Kartierung des Blattes Bad Iburg 1:25 000. – Forschungen zur deutschen Landeskunde, **241**, Trier, 197 S.

LESER, H. u. KLINK, H.-J. (Hrsg.) (1988): Handbuch und Kartieranleitung Geoökologische Karte 1 : 25 000. – Forschungen zur deutschen Landeskunde, **228**, Trier, 349 S.

MARKS, R. et al. (Hrsg.) (1989): Anleitung zur Bewertung des Leistungsvermögens des Landschaftshaushaltes (BA LVL). – Forschungen zur deutschen Landeskunde, **229**, Trier, 222 S.

MOSIMANN, T. (1984): Landschaftsökologische Komplexanalyse. – Stuttgart, 115 S.

ZEPP, H. u. MÜLLER, M.J. (1999) (Hrsg.): Landschaftsökologische Erfassungsstandards. Ein Methodenbuch. – Forschungen zur deutschen Landeskunde, **244**, Flensburg, 535 S.

ZEPP, H. (1998): Arbeitskreis Geoökologische Kartierung und Leistungsvermögen des Landschaftshaushaltes. – Heidelberger Geographisches Journal **12**, 199-205

DIE KOMBINATION VON EMPIRIE UND SIMULATION ZUR FLÄCHENHAFTEN BESTIMMUNG LUFTHYGIENISCHER AUSGLEICHSLEISTUNGEN DURCH KALTLUFTBEWEGUNGEN

1 FRAGESTELLUNG

Im Rahmen der Erfassung und Bewertung des Landschaftshaushaltes ist das Klima eine Schlüsselvariable, die in allen Konzepten eine zentrale Rolle einnimmt. Dabei kommt den bodennahen Kaltluftbewegungen bei austauscharmen Strahlungswetterlagen sowohl unter dem Aspekt der kausalen Verknüpfung von Funktionen und Potentialen als auch der Umsetzung durch die Anwender eine besondere Bedeutung zu als

- Determinanten der räumlichen Verteilung der Lufttemperatur,
- Ursache komplexer Immissionsfelder bei Luftverunreinigungen,
- Träger lufthygienischer Ausgleichsleistungen zwischen Belastungs- und Ausgleichsräumen.

Entsprechend legen Konzepte und Kartieranleitungen, z.B. bereits der Landesklimaaufnahme (KNOCH 1963), später der Geoökologischen Karte - GÖK - (LESER u. KLINK 1988) und der Bewertung des Leistungsvermögens des Landschaftshaushaltes - BA LVL - (MARKS et al., 1992), im Rahmen der Ökofaktorenkartierung großes Gewicht auf diese Landschaftsfunktion. Ein Markt für entsprechende Fachgutachten, die in Genehmigungsverfahren Entscheidungsrelevanz haben, bestätigt die entsprechende Nachfrage aus der Planungspraxis ebenso wie die Argumentation in den Beispielen der KRdL (1993). Dabei sind regelmäßig

- die bestehenden Austauschpotentiale zu erfassen und
- die Auswirkungen von unterschiedlichen Planungsvarianten auf bestehende Austauschpotentiale zu ermitteln.

Das theoretische Ziel ist in beiden Fällen eine Quantifizierung, also die Ermittlung von gegenwärtig vorhandenen und für die verschiedenen Planungsvarianten prognostizierten Volumenflüssen je Zeiteinheit.

Diesem Anspruch stehen jedoch einige gravierende Probleme gegenüber. Hinsichtlich der empirischen Ermittlung von Volumenflüssen existiert eine kaum überschaubare aufnahmetechnische und methodische Pluralität, die von groben Abschätzungen aufgrund punktueller Einzelmessungen über linienhafte Sondierungen mit Fesselsonden bis hin zu aufwendigen Bestimmungen von Durchflußintegralen reicht. Die einfachen, vom methodischen Ansatz eher fragwürdigen Schätzverfahren sind für flächendeckende räumliche Planungen wie die Landschaftsplanung der Standard, die aufwendigen Sondierungen den großen Feldexperimenten wissenschaftlicher Programme vorbehalten, wobei insbesondere das ASCOT-Programm in den Vereinigten Staaten (CLEMENTS et al. 1989) zu erwähnen ist. Zwischen beiden klafft eine sich vergrößernde Kluft, deren Kennzeichen ein wechselseitiges Ignorieren ist.

Auch die rechnerischen Verfahren und Prognosen offenbaren eine große Vielfalt. Das Spektrum reicht von der Anwendung der Ergebnisse von KING (1973) in Form von konstanten "Kaltluftproduktionsraten" über Messungen an Modellen im Windkanal bis hin zu aufwendigen thermodynamischen Simulationen, für die als Beispiel das dreidimensionale Modell FITNAH (GROSS 1989, 1993) erwähnt sei. Das Problem dieser Modelle ist, daß für die Berechnung von Kaltluftbewegungen erforderliche Koeffizienten, die das Ergebnis ganz wesentlich bestimmen, abgeschätzt oder aus anderen Anwendungen übernommen werden müssen. Die Resultate werden aufgrund von Einzelmessungen überprüft und gelten als verifiziert, wenn das qualitative Ergebnis und die Größenordnungen zueinander passen. Unverkennbar ist auch hier eine Diskrepanz zwischen Empirikern und Modellierern, welche die Anwender in zwei Schulen teilt.

Es stellt sich die Frage, ob die mit hohem meßtechnischen Aufwand ermittelten Volumenflüsse von Kaltluftbewegungen nicht mit den Berechnungsverfahren verknüpft werden können. Nachfolgend sollen Ergebnisse der empirischen Untersuchungen sowie ein Ansatz von deren Integration in ein numerisches Modell vorgestellt werden.

Die Fragen, denen sich der Beitrag zuwendet, sind daher:

- Wie können bodennahe Kaltluftbewegungen im topischen und chorischen Maßstab zuverlässig empirisch bilanziert werden?
- Welche raumzeitliche Dynamik haben Kaltluftbewegungen?
- Welchen Beitrag können numerische Simulationen der Kaltluftbildung und -bewegung leisten?
- Wie können Einzelmessungen und numerische Simulationen zur Erfassung und Bewertung des räumlichen Bewegungsmusters verknüpft werden?

Die Problematik und der vorgestellte Ansatz werden anhand eines Fallbeispieles erläutert.

2   DAS UNTERSUCHUNGSGEBIET

Das Untersuchungsgebiet ist Teil der Fläche des Meßtischblattes 6435 (Pommelsbrunn), auf welcher im Rahmen verschiedener von der DFG geförderter Projekte die Möglichkeiten der geoökologischen Aufnahme im Maßstab 1:25.000 getestet wurden. Es handelt sich um ein Karstgebiet auf der Frankenalb, das sich durch eine sehr kleinräumige Relief- und Landnutzungsstruktur auszeichnet.

Die räumlichen Strukturen sind morphologisch geprägt durch ein komplexes Formenmosaik des Reliefs (PFEFFER 1986), dessen Hohlformen durch einen Wechsel zwischen canyonartig eingeschnittenen Tälern und weiten Becken gekennzeichnet sind. Bei den Verebnungen dominiert ein Einfallen nach Südosten, der Hauptvorfluter (der Etzelbach) entwässert obsequent nach Westen, womit schon ein wesentliches Problem angesprochen werden kann, nämlich nächtliche Hangwinde, die mehrheitlich dem Gefälle des Vorfluters entgegengesetzt sind. Typische Formenelemente des Karstes verkomplizieren dieses Muster. Wegen dieser Komplexität eignet es sich jedoch besonders für den Test von arbeitstechnischen und methodischen Ansätzen, welche den Anspruch universeller Anwendbarkeit erheben.

3   ERGEBNISSE DER EMPIRISCHEN STUDIEN[1]

Voraussetzung empirischer Untersuchungen ist eine zuverlässige Aufnahmetechnik zur Bilanzierung von Austauschleistungen. Diese ist von der anwendenden Seite in zwei Formen gefordert:

1. Im Rahmen der Planung von Hochwasserrückhaltebecken, Straßendämmen oder Emittenten in kleinen Tälern wird die Bestimmung des Volumenstromes je Zeiteinheit im gesamten Talquerschnitt benötigt.

2. In breiten Tälern, auf Schwemmfächern in Talmündungsbereichen, in denen unsere Siedlungen bevorzugt liegen, sind die Volumenströme über Teilflächen des Tales gefordert, bei der Beurteilung von Emissionshöhen auch in vertikaler Differenzierung.

In beiden Fällen reichen punktuelle Bestimmungen nicht aus, Vertikalsondierungen mit Fesselsonden sind sehr aufwendig und aus genehmigungstechnischen Gründen nicht überall möglich.

Von den verschiedenen verbleibenden Möglichkeiten der Strömungsanalyse im Untersuchungsgebiet wurde dem Verfahren der Rauchstrichvermessung der Vorzug gegeben, bei welchem der horizontale Versatz eines senkrechten Rauchstriches in kurzfristigen Intervallen vermessen wird (VOGT 1990, VOGT u. ZANKE 1995). Mit ihm wurden die Volumenströme in ausgewählten Talquerprofilen und zu unterschiedlichen Terminen empirisch bestimmt. Abb. 1 gibt zwei verschiedene Situationen der vertikalen Lage der Strömung im Profil durch das Etzelbachtal wieder, dargestellt anhand der Isotachen der talwärtigen Geschwindigkeitskomponente. Das Strömungsbild variiert zwischen unterschiedlichen Nächten und hat auch innerhalb der Nacht keinen stationären Fluß. Ein regelmäßig auftretendes Phänomen der zeitlichen Variabilität in der Strahlungsnacht ist die Verringerung bodennaher Geschwindigkeiten, wie sie aufgrund mehrjähriger Messungen in einem Tal des schwäbischen Albvorlandes in Abb. 2 dokumentiert ist.

Sie zeigt auf der Basis von 1102 Nächten mit autochthoner thermisch induzierter Strömung, wie sich ab dem ersten nächtlichen Einsetzen der Kaltluftbewegung die Geschwindigkeit zunächst erhöht, dann jedoch im Laufe der Nacht fast kontinuierlich verringert. Das Maximum wird durchschnittlich 1:40 Stunden nach Beginn erreicht, anschließend nimmt die Geschwindigkeit fast linear ab. Infolge der im Jahresgang unterschiedlich langen Ausstrahlungszeiten ist gegen Ende die Häufigkeit vermindert und die Werte streuen stärker, das Ergebnis ist jedoch eindeutig und wird auch durch Analysen in anderen Tälern bestätigt. Die abnehmenden Geschwindigkeiten korrelieren mit abnehmenden vertikalen Temperaturgradienten, die am Standort dieser Station mit Fesselsonden bestimmt wurden (ZANKE 1993). Dabei zeigt sich auch, daß von der Geschwindigkeitsabnahme in einem konstanten Höhenniveau kein Schluß auf Integrale des Volumenflusses, also auf Austauschleistungen im Tal, zulässig ist.

In extremer Weise wird dies im Penzental deutlich, einem kleinen Seitental des Etzelbachtales auf der Frankenalb, welches für ein spezielles Feldexperiment ausgewählt wurde, weil eine Verengung am Talausgang die Volumenbestimmung auch in der Nacht unter künstlicher Beleuchtung ermöglichte. Dort wurde daher ein Feld-

[1] Ein erheblicher Teil der empirischen Untersuchungen wurde durch eine Sachbeihilfe der DFG unterstützt, wofür ihr an dieser Stelle gedankt sei.

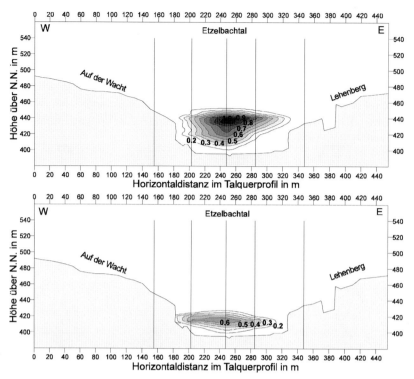

Abb. 1: Veränderungen der relativen Höhe der Kaltluftbewegung im Etzelbachtal im Profil Oed, aufgezeigt anhand der Sondierungen am 1.5.1990 in der morgendlichen Dämmerung (oben) und am 12.9.1990 in der späten abendlichen Dämmerung (unten). Isotachen der talwärtigen Geschwindigkeitskomponente in m s⁻¹. Die senkrechten Linien markieren die Lage der Aufstiegspunkte.

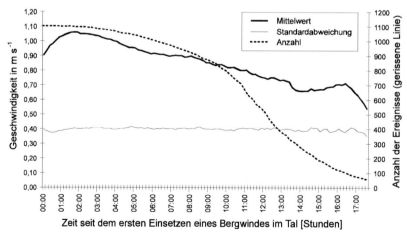

Abb. 2: Mittlere Geschwindigkeiten, Standardabweichungen und absolute Häufigkeiten von Bergwinden im Steinlachtal im schwäbischen Albvorland ab dem Zeitpunkt des ersten Eintretens des Bergwindes. Meßzeitraum: 1.7.1992 bis 30.6.1996.

experiment mit stündlicher Volumenbestimmung durchgeführt (Abb. 3). Die dabei ermittelten Volumina sowie die Beträge der talwärtigen Geschwindigkeitskomponente in 10 und 20 m über Grund sind in Abb. 4 wiedergegeben.

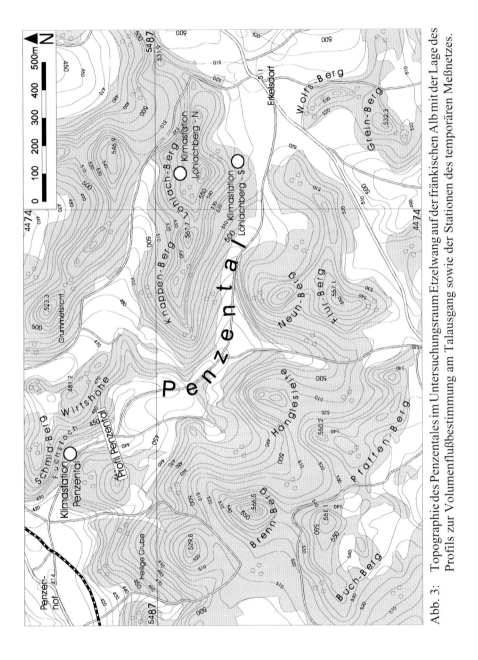

Abb. 3: Topographie des Penzentales im Untersuchungsraum Etzelwang auf der fränkischen Alb mit der Lage des Profils zur Volumenflußbestimmung am Talausgang sowie der Stationen des temporären Meßnetzes.

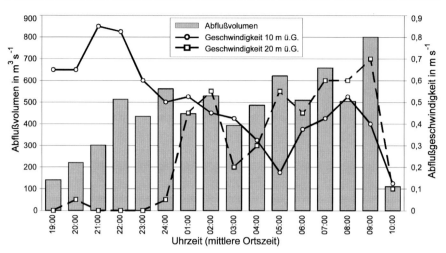

Abb. 4: Abflußvolumen des Bergwindes am Ausgang des Penzentales auf der Frankenalb sowie Geschwindigkeiten in Talmitte in 10 und 20 m über Grund während des Feldexperiments am 14.9.1990.

In 10 m über Grund verringert sich die Geschwindigkeit, in 20 m über Grund erhöht sie sich im Laufe der Nacht. Der gesamte Volumenstrom im Tal nimmt dabei zu, was dem häufig gezogenen Schluß von der bodennahen Geschwindigkeit auf die Austauschleistung widerspricht. Das Ergebnis, das zunächst nur Gültigkeit für dieses Untersuchungsgebiet hat, zeigt also im Laufe der Nacht einen instationären Volumenstrom und eine wechselnde vertikale Position der bewegten Kaltluft.

Im Etzelbachtal variiert die Position des Kaltluftkörpers darüber hinaus kurzfristig und auch in horizontaler Richtung, wie dies Abb. 5 veranschaulicht. Dies hat hier zur Folge, daß Analysen des Geschwindigkeitsganges der Kaltluft sowie ihrer Eintrittshäufigkeiten durch einen punktuell in Talmitte lokalisierten Meßwertgeber einer temporären Klimastation nicht möglich sind. Auf diese Weise wurden im gesamten Untersuchungsraum die Volumenflüsse in geeigneten Talquerprofilen ermittelt (Abb. 6). Es wäre jedoch zu schön, wenn sich diese Ströme nun im Untersuchungsgebiet zu einem schlüssigen Bewegungsmuster verbinden ließen, Kaltluftvolumina sich addieren und so das Bild vom fließenden Gewässer, das sich in der Terminologie und in der Argumentation immer wieder findet, bestätigen würden. Der Volumenstrom in einem beliebigen Talabschnitt wäre das Ergebnis der Wärmeflüsse über den Oberflächen des gesamten Einzugsgebietes und könnte anhand von geeigneten Flächenparametern (Relief, Landnutzung, Bodenfeuchte etc.) abgeschätzt werden, wie dies vielfach mit den "Kaltluftproduktionsraten" von KING (1973) geschieht. In vielen Untersuchungsgebieten, die meist gezielt dafür ausgewählt wurden, ist das sicher ein zulässiges Schätzverfahren, wie einzelne Resultate belegen, welche in der Größenordnung der KINGschen Werte liegen (z.B. KOST 1983, HAUF u. WITTE 1985). Es handelt sich im ersten Schritt um Arbeitshypothesen, die stets der Überprüfung bedürfen. Im vorliegenden Untersuchungsgebiet erfolgte diese mit negativem Resultat. Im Rainbachtal im Norden des Untersuchungsraumes finden sich im oberen Tal Volumenzuflüsse, die größer sind als in Teilen des unteren Talbereichs, ähnliches gilt im Tal des Vorfluters, des Etzelbaches (Abb. 7). Auch existieren teilweise

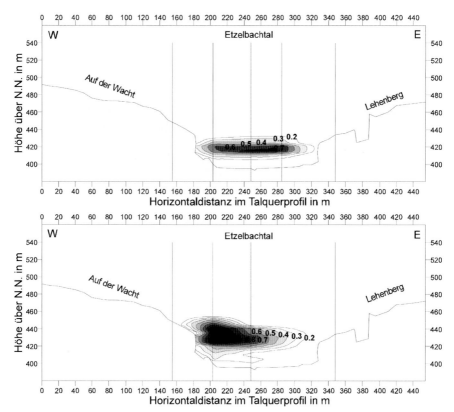

Abb. 5: Unterschiedliche horizontale Lage des Bergwindes im Etzelbachtal am 12.9.1990 in der frühen abendlichen Dämmerung (oben) und am 14.9.1990 in der frühen abendlichen Dämmerung (unten) anhand der Isotachen der talwärtigen Geschwindigkeitskomponente. (vgl. Abb. 1)

gegenläufige Bewegungen, teilweise Oszillationen usw., also all diejenigen Phänomene, die nicht nur empirische Analysen erheblich erschweren, sondern auch die Grenzen der zugrunde liegenden Modellvorstellung des fließenden Gewässers überschreiten. Die Konsequenz aus dieser Falsifizierung ist daher, daß es nicht generell möglich ist, Volumenströme eines beliebigen Talquerschnitts aufgrund von Relief- und Landnutzungsparametern abzuschätzen.

Es soll jedoch nicht generalisiert und die Übertragbarkeit auf Räume mit anderen Relief- und Landnutzungsparametern postuliert werden. Teilweise finden sich ähnliche Ergebnisse wieder, teilweise jedoch auch nicht. Auch sind die Resultate nicht mit dem Ziel erhoben worden, durch einen Vergleich mit rechnerischen Befunden diesen zu validieren. Wenn ein rechnerisches Resultat an einer Stelle bestätigt wird, so sagt das in diesem Fall noch nichts über den Wert des Modells aus. Aus diesem Grund erscheint es sinnvoll, nach einem Ansatz zu suchen, die ermittelten Volumenflüsse (und analog dazu ebenso weitere erfaßte Parameter der bodennahen Atmosphäre) als Resultat der spezifisch vorliegenden örtlichen Bedingungen in numerische Simulationen einzubinden, sie also zur Kalibration eines Modells zu verwenden.

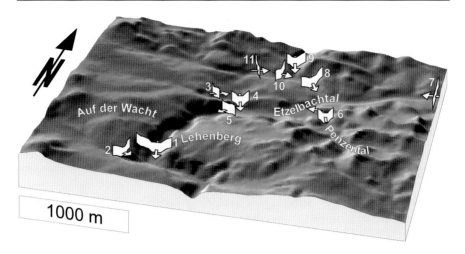

Abb. 6: Blockbild des Untersuchungsgebietes im Raum Etzelwang im fränkischen Jura mit der Lage von 11 Profilen zur Bestimmung der Volumenflüsse des Bergwindes

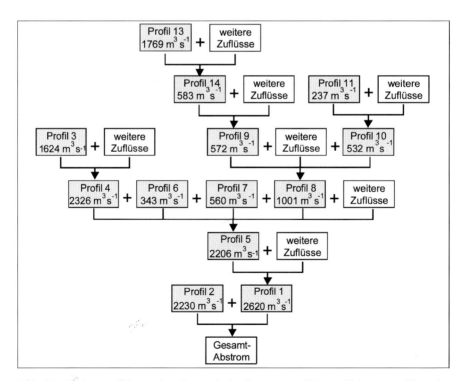

Abb. 7: Volumenflüsse der Bergwinde in ausgewählten Talquerprofilen im Untersuchungsgebiet Etzelwang

Der Ansatz, der nachfolgend aufgrund dieser Problematik vorgestellt wird, ist daher eine Kombination aus Methoden der empirischen Analyse und der numerischen Simulation. Da der Volumenzustrom in ein beliebiges Talsegment nicht zuverlässig numerisch abgeschätzt werden kann, erfolgt dies empirisch. Anschließend wird er als Ausdruck der ortsspezifischen Bedingungen von Kaltluftbewegungen in ein geeignetes numerisches Modell integriert. Es handelt sich um die Kalibration eines Kaltluftabflußmodells durch örtliche Messungen, wie sie für andere Prozesse in landschaftsökologischen Modellen ebenfalls durchgeführt wird. Gelingt dies, dann kann sowohl dieses wichtige Element des Landschaftshaushaltes quantifiziert sowie die Auswirkung landschaftsverändernder Maßnahmen in diesem Gebiet aufgrund dieses Modells prognostiziert werden.

4   ANSÄTZE FLÄCHENBEZOGENER BERECHNUNG DURCH NUMERISCHE SIMULATIONEN

Für einen ca. 16 km^2 großen Ausschnitt des Untersuchungsgebiets wurde das Relief in Äquidistanzen von 5 m digitalisiert und dem erstrebten Maßstab 1:25.000 entsprechend in Rasterflächen der Größe 15 m x 15 m aufgelöst. Die Differenzierung der Landnutzung erfolgte in die Klassen Hochwald, Jungwald, landwirtschaftliche Nutzfläche und Siedlung, nach der topographischen Karte ergänzt durch Geländebegehung.

Das Ziel flächendeckender Behandlung bei dennoch großer räumlicher Auflösung unter Verwendung von Hardware, die auch in der planerischen Praxis zur Verfügung steht, stellt hohe Ansprüche an die Effizienz des zur Simulation eingesetzten Modells. Sehr ausgefeilte numerische Ansätze unterliegen oft äußerst stringenten durch das Stabilitätskriterium von COURANT et al. (1928) definierten Begrenzungen hinsichtlich des maximal integrierbaren Zeitintervalls bei erwünschter räumlicher Auflösung. So wird beispielsweise in einer KonTur-Simulation (BENISTON 1983) ein Areal von 200 km x 200 km bei einem maximalen Zeitschritt von 30 Sekunden in einer Horizontalauflösung von 10 km abgebildet. Sind extrem hohe räumliche Auflösungen nötig wie bei objektbezogenen Detailstudien, die dann auch nur für kleine Areale berechnet werden, kann der maximale Zeitschritt Werte von 0,1 s bis 0,5 s annehmen, wie in einer Studie von GROSS (1993) bei einem berechneten Areal von 40 m x 80 m, das horizontal mit 1 m aufgelöst wird.

Solche Konstellationen erscheinen für routinemäßige Anwendungen unrealistisch. Es muß daher die Möglichkeit geprüft werden, in wieweit auch einfachere Modellarchitekturen in der Lage sind, die Bewegungsmuster der Kaltluft befriedigend zu beschreiben. Auf das Untersuchungsgebiet wird ein Modell angewandt, das auf den Flachwasser-Gleichungen basiert (vgl. PEDLOSKY 1979). Sie beschreiben die Beschleunigungen zweier übereinander liegender Flüssigkeitsschichten unterschiedlicher, aber in sich homogener Dichte. Damit wird eine gedankliche Zweiteilung der Atmosphäre in bodennahe Kaltluft und auflagernde Umgebungsluft vorgenommen. Weist die Grenzfläche zwischen diesen Schichten einen horizontalen Gradienten auf, so ergibt sich daraus ein die untere Schicht beschleunigendes Moment. Die Integration von sich abkühlender Luft in das Gleichungssystem erfolgt einfach in Form von Volumen-Quelltermen. Das Modell verarbeitet somit direkt das verbreitete Konstrukt der "Kaltluftproduktionsraten". Die Flachwassergleichungen werden in Differenzengleichungen überführt, die explizit, zeitlich vorwärts in 2-Sekunden-Schritten und räumlich zentriert in einem staggered grid mit 15 m Maschenweite gelöst werden. Die räumliche Diskretisierung erfolgt so, daß die Werte für die Schichthöhe im Zentrum der Rasterflächen definiert sind, während die Ausdrücke für die Beschleunigung an den Rastergrenzen gelöst werden. An den Modellrändern wird der Nullgradient für die Schichthöhe und die Komponenten der Strömung erzwungen.[2]

Außer "Kaltluftproduktionsraten" benötigt das Modell die Rauhigkeitskoeffizienten und die mittlere Temperaturdifferenz zwischen bodennaher Kaltluft und auflagernder Atmosphäre. Letztere wurde mit 3 K angenommen und nicht nutzungsspezifisch differenziert. Sie ergibt im Untersuchungsgebiet plausible Werte der Kaltluftbeschleunigung. Wesentlich differenzierter wurde bei der Ermittlung der Reibungskoeffizienten vorgegangen. Während der ersten 30 bis 60 Minuten der Simulation, in dem Zeitraum also, indem die Topographie der Strömungsoberfläche noch deutlich der des Geländes folgt, traten in bewaldeten Gebieten durchgängig Geschwindigkeiten auf, die weit über denen liegen, die bei umfangreichen Messungen während der Abendstunden an den entsprechenden Punkten ermittelt wurden. Die Messungen im Wald erfolgten zwar in konstanten Höhen von 2 m, während der Wert des Modells als Mittel über die Gesamthöhe der Schicht zu verstehen ist, doch muß ein bodennaher Meßwert für Windgeschwindigkeit im Wald eher als Maximum des Bestandesinnenklimas gedeutet werden (KIESE 1972). Der Reibungskoeffizient für Wald wurde daher von anfänglich 0,01 m^{-1} nach und nach erhöht. Erst bei einem Wert von 0,9 m^{-1} zeichnete die Simulation das empirisch ermittelte Bild befriedigend nach. Für die Kategorie Wiese und Ackerland ergibt ein gängiger Wert von 0,0025 m^{-1} plausible Werte. Der Koeffizient für die lockere ländliche Bebauung im Rechengebiet wurde mit 0,5 m^{-1} angesetzt. Da nur einige wenige Rasterflächen in diese Kategorie fallen, war es hier weder möglich noch nötig, verschiedene Werte zu testen.

Der physikalisch unsinnige Begriff der "Kaltluftproduktionsrate" ist ein Konstrukt, um die Austauschleistung in der bodennahen Atmosphäre in Abhängigkeit von der Landnutzung zu quantifizieren. Das Spektrum der in der Literatur dokumentierten, teilweise empirisch ermittelten Kaltluftproduktionsraten, insbesondere für Wald, ist groß. Dies ist verständlich, da diese höchst abstrakten Werte das Ergebnis von Beobachtungen und Messungen sind, welche das Resultat einer Vielzahl von ortsabhängigen Parametern darstellen. Der Versuch, stark variierende Beobachtungen von "Kaltluftproduktion" durch differenzierte Analyse dieser Parameter zu erklären, führt sofort wieder in die Bereiche anspruchsvollerer und aufwendigerer Numerik (vgl. GROSS 1993). Auch Werte wie Rauhigkeitskoeffizienten wurden anfangs empirisch ermittelt, lassen sich jedoch analytisch durch die Gesetze der Physik begründen. Solche Kausalzusammenhänge greifen bei der Behandlung von Kaltluftproduktionsraten nicht mehr, so daß es sinnvoll erschien, das Modell an dieser Stelle mit einer Selbsteichungsroutine zu versehen, welche auf empirisch ermittelte Volumenströme zurückgreift (vgl. Abb. 8).

---

[2] Sobald $dx \geq \dfrac{4 \cdot v_{max}}{dt}$, also im vorliegenden Fall Geschwindigkeiten über 1,875 m·s^{-1} auftreten, wird das Modell bedingt instabil, da nun die numerische Möglichkeit besteht, mehr Volumen als tatsächlich vorhanden abzutransportieren. Insbesondere in Kuppenlandschaften mit stark divergenten Strömungsfeldern, wie es das Untersuchungsgebiet darstellt, scheint diese Gefahr evident. Tatsächlich verzeichnete ein hierfür im Modell implementierter Protokollmechanismus jedoch keinen einzigen Fall dieser Art.

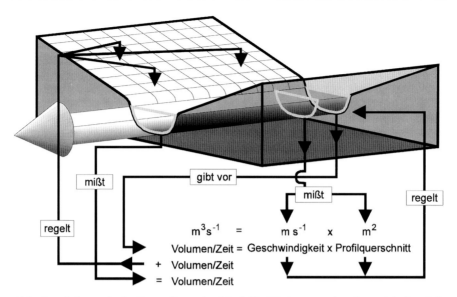

Abb. 8: Schematische Darstellung der Modellkalibrierung anhand empirisch erfaßter Werte des Volumenflusses.

Hierfür wird ein ca. 1 km langer Abschnitt des Etzelbachtales herangezogen, dessen
"Kaltlufteinzugsgebiet" oberhalb der Talränder morphologisch klar abgegrenzt ist,
und an dessen Ein- und Austritt wiederholt Bestimmungen des Volumenstromes
durchgeführt wurden. Aus diesen Messungen wurde ein mittlerer nächtlicher Gang
des Volumendurchflusses für beide Talquerprofile ermittelt. An der Eintrittsstelle
(Profil 5) wird dieser Volumenfluß dem Modell als externe Randbedingung vorgegeben, wobei das Profil innerhalb gewisser Grenzen elastisch ist: Bei jeder Aktualisierung der Vorgabewerte wird die Schichthöhe 45 m hinter dem Eintrittsprofil kontrolliert. Das aktive Profil paßt sich unter Beibehaltung des erzwungenen Einströmvolumens
bestmöglich an, indem es entweder die Mächtigkeit die Geschwindigkeit der Strömung reduziert, wobei als maximal zulässige Werte die in den gemessenen Profilen
auftretenden Extrema Gültigkeit haben. Vor der Eintrittsstelle, also außerhalb des
Einzugsgebiets, befindet sich im Modell ein Kaltluftsee in völliger Ruhe, dessen
Oberfläche zu jedem Zeitpunkt derjenigen des Einströmprofils folgt, um keine
Instabilitäten durch 'Absaugen' in den Rechengang zu bringen.

Das Ausströmprofil (Profil 1) des Talabschnitts liegt direkt auf dem Modellrand und
protokolliert das abfließende Volumen. Auch hier erfolgt die Kalibrierung durch die
empirisch bestimmten Volumenflüsse. Wird der Durchsatz zu groß, so wird die
Geschwindigkeit unter Beibehaltung der aktuellen Schichtmächtigkeit reduziert. Es
wird nun davon ausgegangen, daß das tatsächliche Fließgleichgewicht zwischen Ein-
und Ausstrom im Talabschnitt dann erreicht ist, wenn das vorgegebene
Einströmvolumen und die berechnete Dynamik der Kaltluft im Modell zum erwarteten Abstrom am Austrittsprofil führen. Durch kontinuierliche Analyse der Differenzen und entsprechende Modifikation der "Kaltluftproduktionsraten" für die Waldflächen wird in einer Vielzahl von Iterationen ein optimaler Wert ermittelt. Diese
Profilprozeduren werden in Intervallen von 20 Sekunden bzw. 10 Rechenschritten
durchgeführt.

Abb. 9 vergleicht den Gang des aus Meßwerten interpolierten Volumenstroms mit dem des unter Anwendung des ermittelten Optimalwert errechneten Durchstroms. Durch das schlagartige Einsetzen der Kaltluftbildung treten kurz nach Modellstart noch unrealistisch hohe Flüsse auf. Nach der Selbstkalibration unter Anwendung empirischer Daten liefert das Modell Strömungscharakteristika, die dem beobachteten Befund sehr nahe kommen.

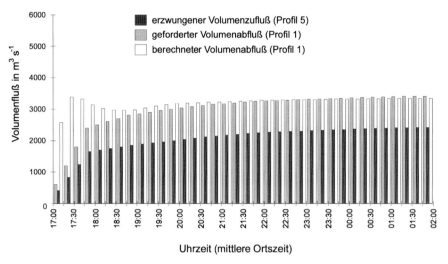

Abb. 9: Zwischen Messungen interpolierte und vom Modell angepaßte Volumen-flüsse an den Kalibrationsprofilen.

Abb. 10 (unten) zeigt für das Ausströmprofil Oed (Nr. 1) die berechnete Obergrenze der Kaltluft sowie die vertikal integrierten Volumenströme je Durchflußeinheit (Rasterfläche) in talwärtiger Richtung. Dies zeichnet den empirischen Befund der mittleren Kaltluftströmung nach, der in 18 im Jahr zufallsverteilten Volumen-bilanzierungen mit insgesamt 55 Sondierungen ermittelt wurde (Abb. 10 oben). Das horizontale Geschwindigkeitsprofil im Tal entspricht den Messungen. Aufgrund der vertikal integrierenden Modellarchitektur können die Isotachen nicht parallel zur Empirie bestimmt werden.

Die Überprüfung, ob die bislang benutzten Koeffizienten auch in andere Teilräume des Untersuchungsgebiets übertragbar sind, erfolgt anhand des zeitlich hochauflösen-den empirischen Befundes aus dem Penzental. Um die Verhältnisse während der Initialisierungsphase realistischer zu gestalten, wird eine Abschätzung des Gangs der Strahlungsbilanzen an der Oberfläche vorgenommen. Hierfür wird ein Global-strahlungsmodell angewandt, das für jede Rasterfläche unter Berücksichtigung ihrer Exposition und eventuellen Beschattung den Gang der Energieflußdichte der Global-strahlung ermittelt. Im gesamten Rechengebiet wird die Emmissivität mit 90% angenommen und ein Gang der Oberflächentemperatur zugrundegelegt, der an einer Testfläche zur selben Jahreszeit und unter vergleichbaren Witterungsverhältnissen ermittelt wurde.

Der Simulationszeitraum reicht von 16:00 Uhr bis 06:00 mittlerer Ortszeit, wobei entsprechend des Datums der Messungen äquinoktiale Verhältnisse angenommen

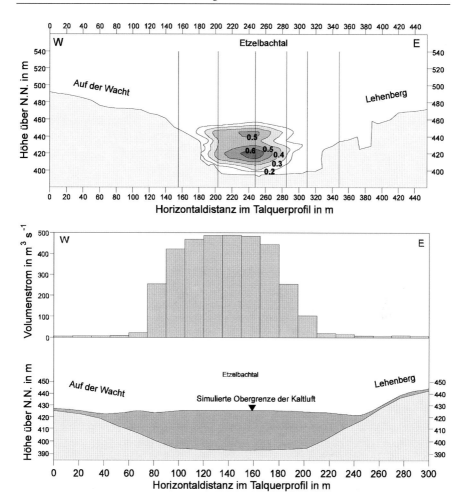

Abb. 10: Laterale Verlagerung des Strömungsschwerpunktes im Profil 1 durch das Etzelbachtal im Mittel aller Messungen (oben) und das entsprechende qualitative Ergebnis der durchgeführten Simulation (unten).

werden. Es wird davon ausgegangen, daß die "Kaltluftproduktionsraten" der einzelnen Rasterflächen von 0 bei Simulationsstart kontinuierlich bis zu ihrem konstanten Endwert anwachsen, der genau zu dem Zeitpunkt erreicht wird, indem die Strahlungsbilanz der Fläche negativ wird. Dies ist bereits um 16:40 mittlerer Ortszeit im gesamten Gebiet der Fall. Im Bereich der Mündung des Penzentales in das Tal des Etzelbaches wird die Höhe der strömenden Schicht anhand gemessener Werte während des gesamten Zeitraums vorgegeben. Der Vergleich der Rechenergebnisse mit den Messungen im Profil 6 im unteren Penzental zeigt, daß die Simulation anfangs zu große Volumenflüsse produziert (Abb. 11). Die Mächtigkeit der strömenden Schicht folgt diesem Trend, zeichnet aber ab 22:00 Uhr mit einem Wert von 30 m den Gang der empirischen Daten befriedigend nach, wobei sie ein Maximum von 45 m bei Sonnenaufgang erreicht. Für diesen Zeitpunkt ist das Strömungsbild des gesamten Gebiets in Abb. 12 dargestellt.

31

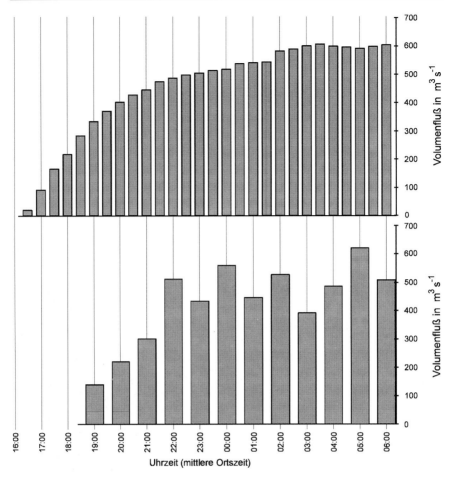

Abb. 11: Simulierter (oben) und gemessener (unten) zeitlicher Gang des Volumenstromes durch das Profil 6 im unteren Penzental.

Da die Übertragbarkeit der Modellkalibration auf andere Teilräume von vergleichba-
rem Landschaftstypus realisierbar erscheint, wird abschließend die Anwendung in
einem fiktiven Planungsfall demonstriert. Hierbei wird das unbesiedelte Penzental als
Deponiestandort in Betracht gezogen. Um den die Deponie überströmenden Kaltluft-
fluß und damit die Immissionen im besiedelten Tal des Vorfluters zu unterbinden
sowie als naturschutzrechtliche Ausgleichsmaßnahme, soll das gesamte Penzental
aufgeforstet werden (vgl. Abb. 13).

Die Simulation für ein Verfüllungsvolumen von 400.000 m³ wird unter denselben
Randbedingungen wie die Berechnung für den Bestandsfall durchgeführt. Im berechneten Strömungsbild paust sich das Penzental bei weitem nicht mehr so stark durch wie
in der aktuellen Situation (vgl. Abb. 14). Der Volumenstrom durch das Profil beträgt
jedoch immer noch rund 30% des für den Bestand ermittelten Werts (vgl. Abb. 15). Die
Annahme, der Beitrag einer geschlossenen Waldfläche zur Bildung katabatischer
Strömungen sei vernachlässigbar gering, kann somit nicht bestätigt werden.

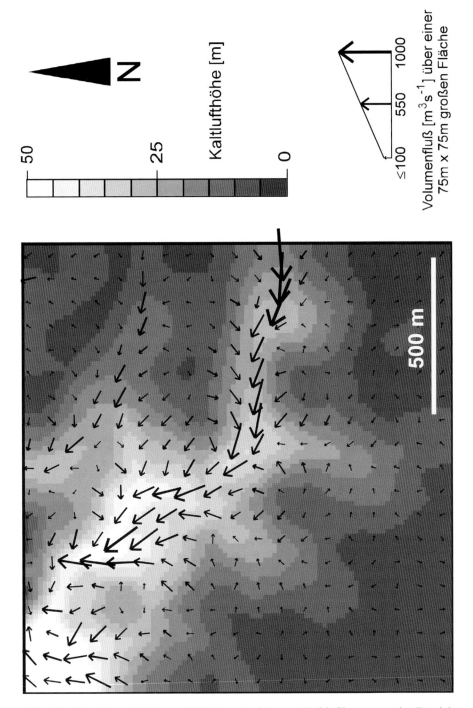

Abb. 12: Simuliertes Strömungsbild der autochthonen Kaltluftbewegung im Bereich des Penzentales am Ende der nächtlichen Abkühlung bei gegenwärtigen Flächennutzungen. Die Vektoren sind über jeweils 5x5 Rasterflächen gemittelt.

33

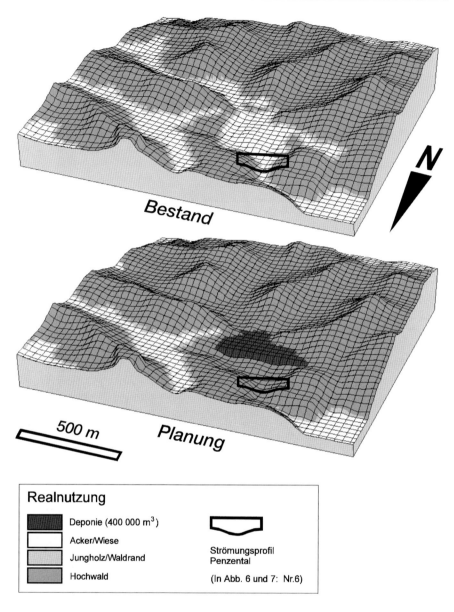

Abb. 13: Blockbild des Penzentales (1,5-fach überhöht) mit gegenwärtiger und geplanter Nutzung.

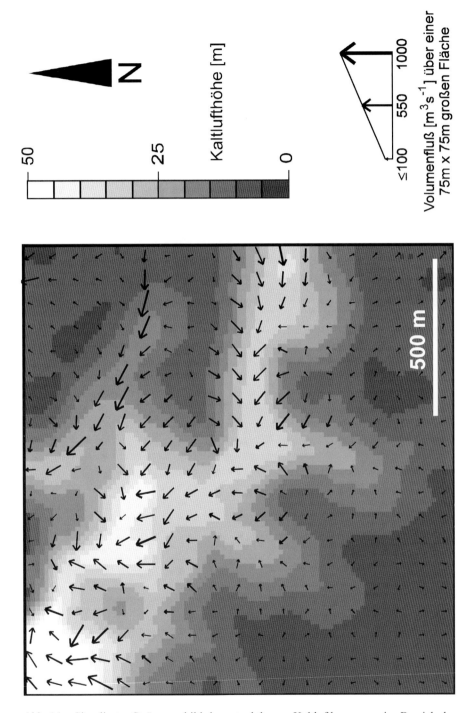

Abb. 14: Simuliertes Strömungsbild der autochthonen Kaltluftbewegung im Bereich des Penzentales am Ende der nächtlichen Abkühlung bei den geplanten Nutzungen.

35

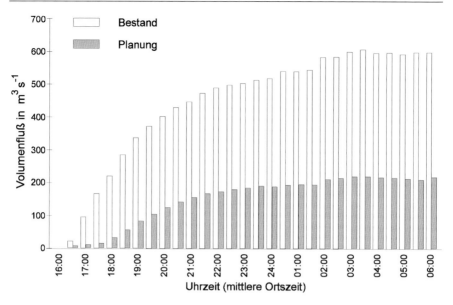

Abb. 15: Simulierter Gang des Volumenstromes durch das Profil 6 im unteren Penzental bei bestehenden und geplanten Nutzungen.

5   SYNTHESE

Die Anwendung dieses Ansatzes erlaubt also, flächenhafte Aussagen abfließender Kaltluft mit hoher empirischer Evidenz zu erarbeiten, wie sie von der anwendenden Planungspraxis gefordert werden, beispielsweise durch Veränderungen des Reliefs oder der Landnutzung. Möglich wird dies durch den Ansatz einer breiten empirischen Basis, deren Daten direkt mit der Modellarchitektur gekoppelt werden und eine Selbstkalibrierung herbeiführen. Damit werden die spezifischen lokalen Bedingungen, die die Kaltluftbewegungen stets bestimmen, in angemessener Weise berücksichtigt, wie es auch der Anspruch des Konzeptes zur Bestimmung des Leistungsvermögens des Landschaftshaushaltes fordert.

LITERATUR

BENISTON, M. (1983): Meso-scale model for the investigation of three-dimensional convective phenomena. Model description and preliminary results from a KonTur Simulation. - Hamburger Geophysikalische Einzelschriften Reihe B, H. **2**, Paper 1, Hamburg

CLEMENTS, W.E., ARCHULETA, J.A. u. GUDIKSEN, P.H. (1989): Experimental design of the 1984 ASCOT field study. - Journal of Applied Meteorology **28**, 405-413

COURANT, R., FRIEDRICHS, K. u. LEWY, H. (1928): Über die partiellen Differenzengleichungen der mathematischen Physik. - Mathematische Annalen **100**, 32-74

GROSS, G. (1989): Numerical simulation of the nocturnal flow in the Freiburg area for different topographies. - Beiträge zur Physik der Atmosphäre **62**, 57-72 - (1993): Numerical simulation of canopy flows. - Heidelberg

HAUF, T. u. WITTE, N. (1985): Fallstudie eines nächtlichen Windsystems. - Meteorologische Rundschau **38**, 33-42

KIESE, O. (1972): Bestandsmeteorologische Untersuchungen zur Bestimmung des Wärmehaushalts eines Buchenwaldes. - Berichte des Instituts für Meteorologie und Klimatologie der TU Hannover Nr. **6**, Hannover

KING, E. (1973): Untersuchungen über kleinräumige Änderungen des Kaltluftabflusses und der Frostgefährdung durch Straßenbauten. - Berichte des Deutschen Wetterdienstes Nr. **130**, Offenbach

KNOCH, K. (1963): Die Landesklimaaufnahme. Wesen und Methodik. - Berichte des Deutschen Wetterdienstes Nr. **85**, Offenbach

KOST, W.-J. (1983): Experimentelle Untersuchung zur Ausbreitung von Luftbeimengungen in einem Talsystem. - Annalen der Meteorologie N.F. **20**, 38-40

KRdL, Kommission Reinhaltung der Luft im VDI und DIN (Hg.) (1993): Lufthygiene und Klima. Ein Handbuch zur Stadt- und Regionalplanung. - Düsseldorf

LESER, H. u. KLINK, H.-J. (Hg.) (1988): Handbuch und Kartieranleitung Geoökologische Karte 1 : 25.000 (KA GÖK 25). - FDL, **228**, Trier, 349 S.

MARKS, R. et al. (Hg.) (1992): Anleitung zur Bewertung des Leistungsvermögens des Landschaftshaushaltes (BA LVL). - FDL, **229**, Trier (2. Aufl.)

PEDLOSKI, J. (1979): Geophysical fluid dynamics. - New York

PFEFFER, K.-H. (1986): Das Karstgebiet der nördlichen Frankenalb zwischen Pegnitz und Vils. - Zeitschrift für Geomorphologie N.F. Suppl.-Bd. **59**, 67-85

VOGT, J. (1990): Thermisch bedingte lokale Windsysteme im Stadtgebiet von Luzern und ihre Beeinflussung durch städtebauliche Maßnahmen. - In: MÜLLER, H. u. MEURER, M. (Hg.): Stadtökologie Luzern, 2. Luzerner Umwelt-Symposium, Luzerner stadtökologische Studien **3**, Luzern, 127-168

VOGT, J. u. ZANKE, C. (1995): Empirische Analysen und numerische Simulationen von lokalen und regionalen Kaltluftströmungen. - Werkstattberichte zur Angewandten Geographie **5**, Tübingen

ZANKE, C. (1993): Die Dynamik der Sprungschicht bei Strahlungswetterlagen in der Tübinger Südstadt. - Unveröff. Diplomarbeit an der Universität Tübingen, Tübingen

DIMENSIONSÜBERGREIFENDE MODELLIERUNG DES WASSER- UND STOFFTRANSPORTES AM BEISPIEL EINES GIS-BASIERTEN "DOWNSCALINGS"

1   EINLEITUNG

Die Abschätzung von Bodenabtragspotentialen und die Erfassung von Transportpfaden des Bodenfeinmaterials aus landwirtschaftlich genutzten Flächen in Oberflächenwasser ist von großer praktischer Bedeutung für die Erarbeitung von Planungs- und Vollzugsmaßnahmen. Bei Anschluß der Erosionssysteme an Fließgewässer führen die mit dem Oberflächenabfluß und der Sedimentfracht transportierten Pflanzendünge- und -schutzmittel zu den bekannten stofflichen Belastungen von Bächen, Flüssen und weiter entfernt gelegenen Meeren. Zur Vorhersage dieser Belastungen und zur Entwicklung von Strategien für ihre Reduzierung oder Vermeidung lassen sich Geographische Informationssysteme (GIS) und darin eingebundene Simulationsmodelle einsetzen. Konzipiert als Prognose- und Managementsysteme können sie wichtige Hilfen bei der Maßnahmenplanung und der Kontrolle des Maßnahmenvollzuges in Boden- und Gewässerschutz sowie im landwirtschaftlichen Beratungswesen leisten. Darüber hinaus ist ihre Anwendung auch in der einzelbetrieblichen Planung denkbar.

Die Probleme beim Aufbau der für ein solches System benötigten Datenbasis und bei der Auswahl geeigneter Prognose- und Simulationsmodelle sind bekannt. So liegen die für die Maßnahmenplanung vor Ort in großem Maßstab erforderlichen raumbezogenen Basisdaten in der Regel nicht flächendeckend vor oder stehen nicht in digitaler Form zur Verfügung. Auch die Auswahl der einzusetzenden Modelle ist aufgrund ihrer eingeschränkten räumlichen Übertragbarkeit und Anwendbarkeit nicht unproblematisch. Unter Berücksichtigung des Aufwandes, der zur flächenhaften Bereitstellung von Modelleingangsgrößen, Modellkalibrierung und -validierung notwendig ist, sind der großräumigen Anwendung komplexerer Prognosemodelle mit exakter physikalischer Prozeßbeschreibung in der Praxis zwangsläufig enge Grenzen gesetzt. Den genannten Einschränkungen muß ein in der Praxis einsetzbares Prognose- und Managementsystem Rechnung tragen. Die im folgenden dargestellte Konzeption für ein solches System basiert deshalb auf minimierten Datenanforderungen. Zur Prognose von Stoffabträgen, Transportpfaden, Eintragspotentialen und der an Gewässer herantransportierten Stoffmengen werden dabei von vornherein nur solche Verfahren verwendet, die

- flächenhaft gut verfügbare oder mit geringem Aufwand bereitstellbare Daten als Eingangsgrößen verwenden (Abb. 1),
- eine hinreichend genaue Aussage auf der jeweiligen Maßstabsebene ermöglichen,
- in der Anwendung erprobt sind,
- in Geographische Informationssysteme integrierbar sind oder
- als Standardmethoden zum Funktionsumfang eines GIS gehören.

Bei der Planung von Boden- und Gewässerschutzmaßnahmen stellt sich als erstes die

Frage nach den abtragsgefährdeten Flächen und dem Anbindungsgrad von Acker-parzellen an Gräben und Gewässer. Diese Flächen können auf der Grundlage der mittlerweile flächendeckend im kleinen und mittleren Maßstab verfügbaren digitalen Boden-, Landnutzungs- und Reliefdaten vorselektiert werden. Die hierbei eingesetzten einfachen empirischen Schätzverfahren erlauben natürlich keinesfalls eine exakte Quantifizierung. Sie dienen lediglich der Vorauswahl derjenigen Flächen, die aufgrund ihrer Erosionsdisposition und ihres Stoffeintragspotentials in der nächsten Maßstabsstufe gezielt erfaßt und untersucht werden können. Für die eigentliche großmaßstäbige Quantifizierung des Abtragsgeschehens, die exaktere Abschätzung der ins Gewässer eingetragenen Stoffmengen und die Durchführung von Szenar-analysen sind entsprechend der veränderten Betrachtungsdimension feiner auflösende Modelle mit vergleichsweise höheren Datenanforderungen einzusetzen (s. DUTT-MANN u. MOSIMANN 1995). Das beschriebene stufenweise Vorgehen von der großräumigen Abschätzung des Bodenabtrags- und Stoffeintragspotentials bis zur parzellenscharfen Modellierung des oberirdischen Stofftransportgeschehens wird hier als 'downscaling' bezeichnet. Die dabei eingesetzten Methoden zur flächen-differenzierten Erfassung und Bewertung von Boden- und Gewässerbelastungen durch oberirdische Stofftransporte sollen im folgenden dargestellt werden.

2   DAS KONZEPT DES "DOWNSCALINGS"

Die methodische Grundlage für die quantitative Untersuchung landschaftsökologischer Prozesse bildet die von NEEF (1963) beschriebene "Theorie der geographischen Dimensionen". Danach werden als "Dimension" Maßstabsbereiche aufgefaßt, in denen gleiche inhaltliche Aussagen möglich sind, gleiche inhaltliche Ziele angestrebt werden und jeweils ein bestimmtes Methodenniveau eingehalten wird (NEEF 1963, S. 361; LESER 1997, S. 198). Dies gilt nicht nur für die feldpraktische Erfassung der am Prozeßgeschehen beteiligten Faktoren und für die Analyse der prozessualen Wirkungszusammenhänge mittels "traditioneller" Arbeits- und Meßtechniken (vgl. SCHMIDT 1992). Die "Dimensions- und Methodenfrage" ist auch bei der Anwendung rechnergestützter Modelle von zentraler Bedeutung. So geht ein Wechsel der Betrachtungsdimension immer mit einer qualitativen und quantitativen Veränderung der prozeßbestimmenden Faktoren einher (vgl. TURNER u. GARDNER 1991; LESER 1997). Folglich erfordert die maßstabsübergreifende Analyse landschafts-ökologischer Prozesse und Prozeßzusammenhänge die Anwendung von Untersuchungs-methoden, Schätz- und Simulationsmodellen mit einer dem jeweiligen Maßstab angepaßten Komplexität und Auflösung. Der Übergang zum größeren Maßstab bedeutet nach NEEF (1963, S. 361) "nicht allein größere Genauigkeit, sondern in erster Linie neue Zusammenhänge, neue Methoden, neue Einsichten".

Der Begriff der "Dimension" wird häufig synonym mit den Bezeichnungen "Skale" oder "scale" verwendet, die vor allem im Rahmen meteorologischer und hydrologi-scher Untersuchungen gebräuchlich sind. Üblicherweise werden dort die Skalen-bereiche (Größenklassen) mikro-, meso- und makroskalig unterschieden und zur Kennzeichnung der räumlichen und zeitlichen Auflösung von Modellen verwendet (s. PLATE 1992; BECKER 1992). Diese Skalen lassen sich mit den in der Landschafts-ökologie verwendeten Dimensionsbezeichnungen "topisch", "chorisch" und "reg-ionisch" bis "geosphärisch" vergleichen. In diesem Sinne läßt sich unter "downscaling"

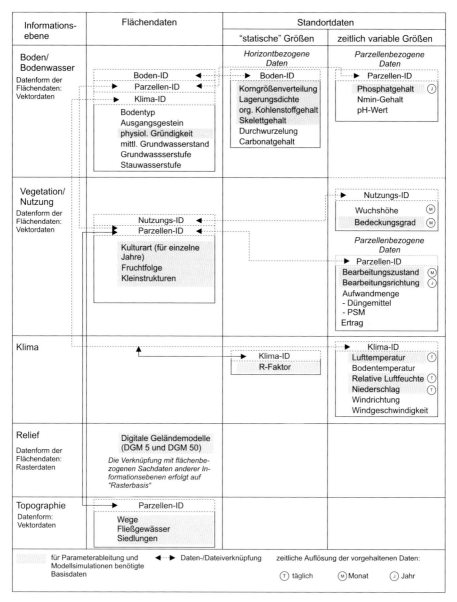

Abb. 1: Basisdaten für die maßstabsübergreifende Modellierung oberirdischer Wasser- und Stoffflüsse mit einem GIS-basierten Prognose- und Managementsystem.

ein Skalenwechsel oder Maßstabsübergang vom kleineren (z.B. Makroskale = regionische bis geosphärische Dimension) zum größeren Maßstabsbereich (z.B. Mesoskale = chorische Dimension; Mikroskale = topische Dimension) auffassen. Jeder dieser Dimensionsstufen ist im Rahmen des GIS-gestützten "downscalings" eine Anzahl an Schätz- oder Simulationsmodellen zugeordnet, die sich hinsichtlich des Ansatzes, der der Prozeßbeschreibung zugrunde liegt, voneinander unterscheiden. So werden hier auf höherer Dimensionsstufe (regionisch) ausschließlich empirische Verfahren eingesetzt, während auf chorischer und topischer Ebene neben empirischen Methoden auch physikalisch begründete Simulationsmodelle Anwendung finden. Mit der stärkeren Differenziertheit der Prozeßbeschreibung zum großen Maßstab hin nehmen auch die Anforderungen an Umfang und Qualität sowie an die räumliche und zeitliche Auflösung der bereitzustellenden Eingangsgrößen und Randbedingungen zu.

Bezogen auf die hier betrachteten oberirdischen Wasser- und Stofftransportprozesse, lassen sich die oben genannten Dimensionsebenen und Skalenbereiche folgendermaßen beschreiben:

- Subtopische Dimension (*nanoscale*):

  Teilprozesse des Wasser- und Stofftransportes werden kleinräumig in hoher zeitlicher Auflösung auf nur wenige cm^2 bis einige m^2 großen Flächen unter Standardbedingungen experimentell untersucht. Die Untersuchungen in diesem Skalenbereich dienen der Analyse physikalischer und chemischer Gesetzmäßigkeiten zwischen den prozeßbeeinflussenden Einzelfaktoren (z.B. Einfluß des Anfangswassergehaltes auf den Abtragsprozeß, Ermittlung des Erosionswiderstandes von Böden). Beispiele für die experimentelle Untersuchung von Prozeßzusammenhängen im "Aggregatmaßstab" mit Hilfe von Feldberegnern beschreiben u.a. AUERSWALD (1993) und SCHMIDT (1996). Feld- und Laborexperimente sind für das Prozeßverständnis unerläßlich. Sie dienen außerdem der Bestimmung von Modellvariablen. Allerdings lassen sich die auf experimentellem Wege gewonnenen Erkenntnisse in der Regel nicht oder nur in stark eingeschränktem Umfange auf größere Flächen übertragen.

- Topische Dimension (*microscale*):

  Bezugseinheiten für die Untersuchung und Simulation von Wasser- und Stofftransporten auf topischer Ebene sind Einzelstandorte, Einzelhänge und einzelne Parzellen mit gleichartigen Prozeßbedingungen. Zur quantitativen Kennzeichnung des Wasser- und Stoffhaushaltsgeschehens in diesen elementaren Prozeßeinheiten werden heute in zunehmendem Maße physikalisch begründete ein- und mehrdimensionale Simulationsmodelle eingesetzt, die eine zeitlich hoch aufgelöste Prozeßbetrachtung ermöglichen. In Abhängigkeit von der Variabilität der Standortbedingungen kann die räumliche Ausdehnung und die Reichweite mikroskaliger Prozesse in weiten Grenzen schwanken. Nach einer von BECKER (1992) für hydrologische Anwendungen vorgeschlagenen Skaleneinteilung sind für die Mikroskale größenordnungsmäßig Flächenausdehnungen von 0,001 km^2 bis etwa 0,1 km^2 und Reichweiten von 30 bis 100 m charakteristisch.

- Chorische Dimension (*mesoscale*):

  Die chorische Dimension umfaßt Prozeßeinheiten, die aus einer Anzahl unterschiedlich ausgestatteter und miteinander in Verbindung stehender Elementarflächen (Tope) aufgebaut sind. Beispiele für solche Landschaftseinheiten sind Kleineinzugsgebiete von Bächen oder ganze Flußeinzugsgebiete (vgl. LESER 1997). Zur Simulation des Abfluß- und Abtragsgeschehens in kleineren Einzugsgebieten werden heute in zunehmendem Maße physikalisch begründete Quasi-3D- und 3D-Modelle herangezogen. Dagegen dominieren bei größerräumigen Anwendungen empirische Modellansätze.

Als Größenordnungen für den Mesoskalenbereich nennt BECKER (1992) Flächengrößen von

- 0,1 bis 1 km² für den unteren erweiterten Mesoskalenbereich,
- 1 bis 100 km² für Mesoskalenbereich im engeren Sinne und
- 100 bis 1.000 km² für den oberen erweiterten Mesoskalenbereich.

• Regionische Dimension (*macroscale*):

In der regionischen Dimension werden Prozeßzusammenhänge von Großräumen oder Großlandschaften untersucht. Eine Abgrenzung dieses Dimensionsbereichs gegenüber der chorischen Dimension ist unscharf. Sie kann sich u.a. an den Strukturen des Großreliefs orientieren (z.b. niedersächsisches Berg- und Hügelland). Die regionischen Dimensionsstufe läßt sich mit dem bei BECKER (1992) beschriebenen unteren Makroskalenbereich vergleichen, für den Flächengrößen von 1000-10.000 km² kennzeichnend sind. Für die großräumige Erfassung und Bewertung landschaftshaushaltlicher Prozesse und Leistungen stehen nur stark aggregierte Daten zur Verfügung, die zumeist in einfachen empirischen Schätz- und Bewertungsverfahren miteinander verknüpft werden.

Die Übergänge zwischen den Dimensionsstufen sind immer fließend. Bei Vorhandensein einer Datengrundlage mit einem entsprechend hohen Detaillierungsgrad lassen sich mit mikroskaligen Modellen Bodenabträge für eine Vielzahl homogener Teilflächen in Einzugsgebieten sowie für Einzelparzellen berechnen und flächendifferenziert für Räume chorischer Dimension (*mesoscale*) abbilden.

3 ABSCHÄTZUNG DER POTENTIELLEN BODENABTRAGSGEFÄHRDUNG UND ERMITTLUNG POTENTIELLER STOFFÜBERTRITTE IN FLIESSGEWÄSSER IM KLEINEN UND MITTLEREN MASSSTABSBEREICH (MAKROSKALE/ OBERE ERWEITERTE MESOSKALE)

3.1 Verfahren zur flächenhaften Abschätzung der potentiellen Erosionsgefährdung

Für eine Ersteinschätzung der potentiellen Erosionsgefährdung größerer Regionen lassen sich empirische Schätzverfahren einsetzen, die nur wenige, den Bodenabtrag jedoch wesentlich beeinflussende Parameter berücksichtigen. Beispiele für solche einfach handhabbaren empirischen Schätzverfahren finden sich z.B. bei HENNINGS [Koord.] (1994). Die hierfür benötigten flächenhaften Daten können sowohl aus Bodenkarten und Topographischen Karten leicht verfügbar gemacht werden oder liegen bereits in digitaler Form vor (z.B. Bodenübersichtskarte 1:50 000 (BÜK50), digitale Geländemodelle (DGM50) und ATKIS-DLM25). Die auf makroskaliger Ebene eingesetzten Verfahren ermöglichen nur eine grobe Abschätzung des Erosionsrisikos. Eine differenziertere Aussage gestattet das von SCHMIDT (1988) auf der Grundlage der Universal Soil Loss Equation (USLE) (WISCHMEIER u. SMITH 1978) entwickelte Verfahren zur Ableitung einer sog. Widerstandsfunktion von Standorteinheiten gegenüber wasserbedingter Erosion. Diese ist vor allem von den Boden- und Reliefeigenschaften abhängig und wird durch Nutzungseinflüsse modifiziert. Da das Modell auch vertikale und horizontale Wölbungen mitberücksichtigt, können zumindest indirekt Bereiche mit Tiefenlinienerosion und potentielle

Akkumulationsbereiche abgebildet werden. Als flächenhafte Daten werden neben Bodeneigenschaften (Bodenart, Humusgehalt, Skelettgehalt und Gründigkeit) Landnutzungsdaten (Nutzungsformen) und Reliefdaten (Hangneigung, horizontale und vertikale Wölbungen) benötigt.

Die Ergebnisse der GIS-gestützten Bewertung des Abtragsrisikos zeigt Karte 1. Aus Gründen der Übersichtlichkeit ist in ihr nur ein 100 km^2 großer Ausschnitt aus dem Leine-Innerste-Bergland dargestellt. Darin treten Bereiche mit den höchsten Bodenabträgen unter ackerbaulicher Nutzung erwartungsgemäß an den stärker geneigten Hängen des Hildesheimer Waldes im nördlichen Blattgebiet und den Ausläufern des Lamspringer Sattels im Süden auf. Für fast 30% der Ackerfläche wurden Bodenabtragsmengen von mehr als 15 t/ha×a geschätzt. Dies entspricht in etwa dem Anteil der Landwirtschaftsfläche mit Hangneigungen zwischen 4° und 15°. Weitere 40% der ackerbaulich genutzten Fläche weisen jährliche Bodenabtragsmengen zwischen 5-10 t/ha • a auf. Anhand der in Karte 1 dargestellten kleinmaßstäbigen Abschätzung des Erosionsrisikos lassen sich nun die Gebiete auswählen, die für eine detailliertere kleinräumige Untersuchung des oberirdischen Wasser- und Stofftransportes vorzusehen sind. Mit Blick auf die Abschätzung des Stoffeintrages in Oberflächengewässer sind vor allem solche Flächen von Relevanz, die neben höheren Bodenabtragspotentialen eine Anbindung an Oberflächengewässer und Gräben besitzen. Solche Bedingungen finden sich zum Beispiel im südlichen Lammeabschnitt und an den stärker geneigten, ackerbaulich genutzten Flächen im Süden der Ortschaften Klein und Groß Ilde.

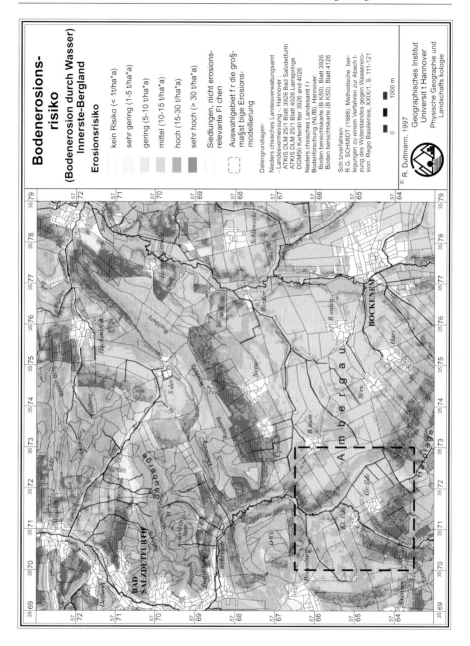

Karte 1: Kleinmaßstäbige Abschätzung des Bodenabtrages durch Wasser im südlichen Innerste-Bergland (Raum Bockenem - Bad Salzdetfurth).

Als Grundlage für die Berechnung des Bodenabtrages wurden ausschließlich digital verfügbare Daten der Landesbehörden verwendet (BÜK 50, ATKIS-DLM25 und DGM50). Die kleinmaßstäbige Abbildung des Erosionsrisikos ermöglicht die Auswahl solcher Bereiche, die einer detaillierteren Analyse mit höher aufgelösten Daten zu unterziehen sind.

45

3.2 Ermittlung potentieller Übertritte von Feinbodenmaterial in Oberflächengewässer und Abschätzung des Risikos von Stoffeinträgen in Oberflächengewässer

Zu den ökologisch bedeutsamsten "Off-site"-Effekten der Bodenerosion zählt der Eintrag von erodiertem Feinbodenmaterial und daran sorbierter Nährstoffe sowie Pflanzenschutzmittel aus landwirtschaftlich genutzten Flächen in Oberflächengewässer, da dieser mit zahlreichen Belastungen (z.B. Verlandung stehender Gewässer, Schlammbildung in Fließgewässern, Verringerung der Speicherkapazität von Stauseen, Eutrophierung, Schäden an wasserbaulichen Einrichtungen) verbunden sein kann. Dementsprechend sind insbesondere für die Gewässerschutzplanung auf regionaler Ebene Verfahren erforderlich, die neben der Abschätzung der Bodenabtragsgefährdung auf landwirtschaftlich genutzten Flächen

- die Erfassung potentieller Transportpfade des gebündelten Oberflächenabflusses und erodierten Feinbodens ermöglichen,
- der Vorhersage potentieller Übertritte des Oberflächenabflusses und des mitgeführten Bodenfeinmaterials in Oberflächengewässer dienen und
- eine Ersteinschätzung des Risikos von erosionsbedingten Stoffeinträgen in Oberflächengewässer gestatten.

Einen Ansatz für eine GIS-gestützte Prognose der erosionsbedingten Gewässerverschmutzung und die Erstellung großmaßstäbiger Erosionsprognose- und Gewässerverschmutzungskarten beschreiben NEUFANG et al. (1989b) am Beispiel des als "differenzierende Allgemeine Bodenabtragsgleichung" (dABAG) bezeichneten Verfahrens (AUERSWALD et al. 1988; FLACKE et al. 1990; NEUFANG et al. 1989a). Der Prognose des Sedimenteintrages im jeweiligen Gewässerabschnitt liegt folgende empirische Formel zugrunde, in die neben der Größe des Einzugsgebietes und dem dafür ermittelten Bodenabtrag das sog. Sedimenteintragsverhältnis (Sediment Delivery Ratio (SDR)) eingehen (s. NEUFANG et al. 1989b):

$$E_S = SDR \cdot A \cdot G \cdot 100$$

E_S	Sediment-Eintrag (t/a)
SDR	Sedimenteintragsverhältnis (dimensionslos)
A	Abtrag (t/ha $\cdot$ a)
G	Einzugsgebietsgröße (km^2)

Das SDR geht dabei von der Annahme aus, daß nur ein Teil des auf der Landoberfläche abgetragenen Feinbodens auch tatsächlich in Oberflächengewässer gelangt. So nimmt der Anteil des Abtrages, der das Einzugsgebiet verläßt, nach AUERSWALD (1989) mit zunehmender Einzugsgebietsgröße ab. Als Ursachen hierfür gelten u.a.:

- die Zunahme potentieller Depositionsflächen mit wachsender Entfernung des Abtragsbereichs zum Gewässer,
- die abnehmende Gewässernetzdichte und
- die zunehmende Breite der Flußauen als potentielle Retentionsfläche.

Diesem Sachverhalt trägt die nachstehende empirische Gleichung zur Ableitung des Sedimenteintragsverhältnisses Rechnung:

$$SDR = 0,385 \cdot G^{-0,2}$$

SDR   Sedimenteintragsverhältnis

G   Einzugsgebietsgröße (km^2)

Unter Einsatz dieses Verfahrens läßt sich die Sedimentanlieferung bzw. der Sediment-eintrag für jeden Punkt eines Gewässers bilanzmäßig abschätzen und somit das Sedimenteintragsrisiko beurteilen (s. NEUFANG et al. 1989b).

Der Eintrag von Sediment in Fließgewässer erfolgt jedoch in zahlreichen Fällen nicht in flächenhafter Form, sondern punktuell an den Endpunkten relief- und/oder bewirtschaftungsbedingter Leitbahnen des Oberflächenabflusses. Für die Vorhersage des Sedimenteintragsrisikos sind deshalb somit vor allem solche Gewässerabschnitte von Bedeutung, die einerseits (direkten) Anschluß an abflußwirksame Leitbahnen haben und andererseits eine Anbindung an Oberflächenabfluß und Sedimenteintrag liefernde Flächen besitzen. Im Unterschied zu der bei NEUFANG et al. (1989b) beschriebenen Vorgehensweise erfolgte die Prognose des erosionsbedingten Sediment-eintragsrisikos für die Gewässer des in Karte 2 dargestellten 100 km^2 großen Beispiel-raumes deshalb nicht für jeden Gewässerabschnitt. Vielmehr wurden hier nur die "Schnittpunkte" der durch das Relief vorgegebenen Abflußbahnen mit Flüssen, Bächen und wasserführenden Gräben betrachtet und als potentielle Übertrittsstellen des Bodenfeinmaterials behandelt. Mit Hilfe der Analysefunktionen eines Geographi-schen Informationssystems lassen sich für jeden Übertrittspunkt, der gleichzeitig den "Auslaß" (pour point) für ein dahinterliegendes Einzugsgebiet bildet, die zur Bestim-mung der Sedimentanlieferung benötigten Parameter wie "Einzugsgebietsgröße" und "Abtragsmenge im Einzugsgebiet" ermitteln und der Sedimenteintrag nach dem oben beschriebenen Verfahren abschätzen.

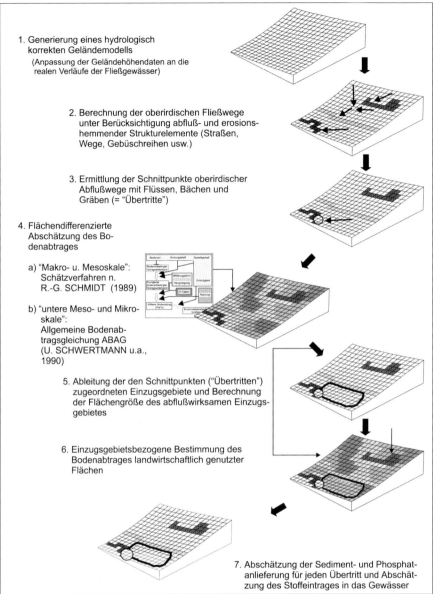

1. Generierung eines hydrologisch
   korrekten Geländemodells
   (Anpassung der Geländehöhendaten an die
   realen Verläufe der Fließgewässer)

2. Berechnung der oberirdischen Fließwege
   unter Berücksichtigung abfluß- und erosionshemmender Strukturelemente (Straßen,
   Wege, Gebüschreihen usw.)

3. Ermittlung der Schnittpunkte oberirdischer
   Abflußwege mit Flüssen, Bächen und
   Gräben (= "Übertritte")

4. Flächendifferenzierte
   Abschätzung des Bo-
   denabtrages

   a) "Makro- u. Mesoskale":
      Schätzverfahren n.
      R.-G. SCHMIDT (1989)

   b) "untere Meso- und Mikro-
      skale":
      Allgemeine Bodenab-
      tragsgleichung ABAG
      (U. SCHWERTMANN u.a.,
      1990)

5. Ableitung der den Schnittpunkten ("Übertritten")
   zugeordneten Einzugsgebiete und Berechnung
   der Flächengröße des abflußwirksamen Einzugsgebietes

6. Einzugsgebietsbezogene Bestimmung des
   Bodenabtrages landwirtschaftlich genutzter
   Flächen

7. Abschätzung der Sediment- und Phosphat-
   anlieferung für jeden Übertritt und Abschätzung des Stoffeintrages in das Gewässer

Abb. 2:   Vorgehensweise bei der GIS-gestützten Bestimmung punktueller Übertritte
und Abschätzung von Sedimenteintragspotentialen.

48

3.2.1 Modellgestützte Ermittlung von Übertritten und Abschätzung von Sedimenteintragspotentialen

Der GIS-gestützten Bestimmung von Übertritten des erosionsbedingten Feinboden-transportes aus landwirtschaftlich genutzten Flächen in Oberflächengewässer und der Ermittlung von Eintragspotentialen an Übertritten liegt eine rasterbasierte Vorgehens-weise zugrunde. Eine solche erweist sich vor allem bei umfangreichen raumbezogenen Analysen und Bewertungen wie den hier beschriebenen aufgrund einer gut handhab-baren Datenbankstruktur, der Möglichkeit des direkten geometrischen Zugriffes auf die Daten, einer vergleichsweise einfachen Datenverknüpfung und Berechnung von Nachbarschaftsbeziehungen als besonders effektiv (GÖPFERT 1991). Für die Ermitt-lung von Übertrittsstellen und die Abschätzung ihres Sedimenteintragspotentials wurden die benötigten Flächendaten in ein 25×25 m Raster überführt, so daß jeder Basisdatensatz für den hier betrachteten Gebietsausschnitt aus 160.000 Rasterzellen besteht. Im einzelnen sind für die Berechnung des Sedimenteintragspotentials folgen-de Daten bereitzustellen:

- Morphometrische Daten (Datengrundlage: DGM 50 der niedersächsischen Landes-vermessung): *Hangneigungen, vertikale und horizontale Wölbungen, Einzugsge-biete, Einzugsgebietsgrößen, Abflußrichtungen, linienhafte Abflußwege,*
- Gewässernetz (Datengrundlage: ATKIS DLM25/1 der niedersächsischen Landes-vermessung, ergänzt um wasserführende Gäben),
- Bodendaten (Datengrundlage: Bodenübersichtskarte 50 (BÜK50) des Nieder-sächsischen Landesamtes für Bodenforschung): *Bodenart, Humusgehalt, Skelett-gehalt, Lagerungsdichte, Gründigkeit,*
- Landnutzungsdaten (Datengrundlage: ATKIS DLM25/1 der niedersächsischen Landesvermessung, und LANDSAT-TM-Szenen zur Berücksichtigung von ak-tuellen Landnutzungszuständen und ihren Veränderungen),
- Daten mit erosionsbeeinflussenden linien- und flächenhaften Raumstrukturelementen (Datengrundlage: ATKIS DLM25/1 der niedersächsischen Landesvermessung).

Die rechnergestützte Umsetzung des Verfahrens zur Abschätzung des Sedimenteintrags-risikos an Übertrittsstellen des Feinbodentransportes in Oberflächengewässer unter Einsatz eines Geographischen Informationssystems erfolgt in mehreren Schritten (s. Abb. 2):

1. Generierung eines hydrologisch korrekten Geländemodells, bei dem die Gelände-höhendaten an die realen Verläufe der Oberflächengewässer (Bäche, Flüsse und wasserführende Gräben) angepaßt worden sind und Berechnung der Abfluß-richtungen auf der Grundlage dieses Höhenmodells.
2. Berechnung der oberirdischen Abflußwege unter Berücksichtigung abfluß- und erosionshemmender Strukturelemente (z.B. Straßen, Wege auch Grünland, Gebüschreihen, Wald), und solcher Flächen, die für das Bodenerosionsgeschehen nicht bedeutsam sind (z.B. Ortschaften, Industrie- und Gewerbeflächen sowie Grün-, Freizeit- und Sportanlagen).
3. Flächenhafte Abschätzung der Bodenabtragsmenge.
4. Ermittlung der Schnittpunkte von Abflußwegen auf der Bodenoberfläche mit Flüssen, Bächen und wasserführenden Gräben. Die Schnittpunkte entsprechen potentiellen Übertritten des gebündelten Oberflächenabflusses in Fließgewässer.

5. Bestimmung der zu den jeweiligen Schnittpunkten gehörigen Einzugsgebiete und Berechnung der Flächengröße des Oberflächenabfluß produzierenden Einzugsgebietes.

6. Einzugsgebietsbezogene Berechnung des Bodenabtrages von Ackerflächen. Die für jedes Einzugsgebiet berechneten Abtragsmengen werden anschließend auf Datenbankebene mit dem jeweiligen Übertritt, dessen Kodierung mit der des dazugehörenden Einzugsgebietes identisch ist, verknüpft.

7. Ableitung des Sedimenteintragsverhältnisses (Sediment Delivery Ratio) für jedes Einzugsgebiet einer potentiellen Übertrittsstelle und Abschätzung des Sedimenteintrages mit Hilfe der o.g. Gleichungen.

8. Klassifizierung der ermittelten Sedimenteinträge an den Übertritten in Risikostufen des Sedimenteintrages.

Tab. 1: Mittlere Sedimenteintragspotentiale an modellgestützt prognostizierten Übertritten des Feinbodentransportes in Flüsse, Bäche und Gräben in Teileinzugsgebieten von Lamme und Nette (Leine-Innerste-Bergland).

Übertritt des Sediment-transportes in:	Anzahl prognostizierter Übertritte	Mittlere Einzugsgebietsgröße der Übertritte (ha)	Mittlerer Bodenabtrag im Einzugsgebiet der Übertritte (t/ha • a)	Mittleres Sedimenteintragspotential der Übertritte (t/a)	Anteil am Gesamteintrag im Gebietsausschnitt (%)
Flüsse	177	4,9	23	49	39,4
Bäche	175	4,0	14	23	18,6
Gräben	433	3,5	11	21	42,0

3.2.2 Potentielle Übertritte und Sedimenteintragsrisiken als Modellergebnisse

Karte 2 zeigt die Ergebnisse der GIS-basierten Prognose potentieller Übertritte von Feinbodentransporten in Oberflächengewässer. Aus Gründen der Übersichtlichkeit sind nur Übertritte dargestellt, für die Sedimenteinträge von mehr als 1 t/a und Einzugsgebietsgrößen von über 0,5 ha berechnet wurden. Insgesamt konnten für den dargestellten Gebietsausschnitt 785 potentielle Sedimenteintragsstellen lokalisiert werden (Tab. 1). Allerdings läßt sich mit dem Prognoseverfahren nur ein Teil aller real vorkommenden Übertritte vorhersagen, da zahlreiche kleinräumig wirksame Einflußfaktoren des linienhaften Abfluß- und Abtragsgeschehens (z.B. gebündelter Wasserzufluß von Straßen und Wegen, künstlich geschaffene Entwässerungsfurchen, kleinflächige Wasseraustritte) in diesem Skalenbereich nicht erfaßbar sind. Der Wert dieses Verfahrens liegt vielmehr in einer Abbildung potentieller Sedimenteintragsbereiche und der Beurteilung von Eintragspotentialen auf der Grundlage der im oberen Mesoskalenbereich verfügbaren oder in sinnvollen Zeiträumen flächenhaft bereitstellbarer Relief-, Boden- und Landnutzungsdaten.

Tab. 1 stellt die prozentualen Anteile der für verschiedene Gewässertypen modellbasiert abgeschätzten Eintragsmengen am Gesamtsedimenteintrag unter Berücksichtigung des jeweiligen Sedimenteintragspotentials der Übertritte dar. Danach läßt sich für das untersuchte Gebiet folgendes feststellen:

- Die größte Anzahl potentieller Eintragsstellen ist im Bereich **wasserführender Gräben** lokalisiert. Dies liegt an dem engen Netz wasserführender Gräben in Arealen mit höherem Bodenabtragsgeschehen. Obwohl die Übertritte durch vergleichsweise geringe Sedimenteintragspotentiale gekennzeichnet sind, neh-

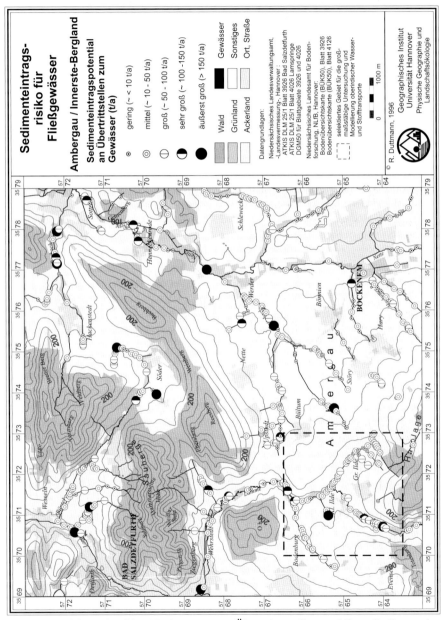

Karte 2: Kleinmaßstäbige Vorhersage von Übertrittsstellen und ihres Sedimenteintragspotentials.

men die Gräben wegen der hohen Zahl an Übertrittsstellen 42% des für alle Gewässer im Gebiet ermittelten gesamten Sedimenteintrages auf. Hierbei entfallen ca. 18 % des Gesamteintrages auf Übertritte mit Eintragspotentialen von 10 bis 50 t/a.

- Zirka 40% des Gesamteintrages im Blattgebiet erfolgt über die direkt an **größere Fließgewässer** des Gebietes (Lamme und Nette) angebundenen Abflußbahnen. Die im Durchschnitt größere Einzugsgebietsfläche und die höhere Bodenabtragsmenge in den an die Flüsse Lamme und Nette angeschlossenen Einzugsgebieten führt trotz einer verhältnismäßig kleinen Anzahl an Übertritten zu einem in der Größenordnung mit dem Eintrag in Gräben vergleichbaren Anteil am Gesamtsedimenteintrag. Allein 14 im Bereich der Flüsse gelegene Übertrittsstellen mit Eintragspotentialen von mehr als 150 t/a nehmen dabei einen Anteil von nahezu einem Fünftel des für das Gesamtgebiet abgeschätzten Sedimenteintrages ein. Da diese Eintragsbereiche punkthaft lokalisiert werden können, können *gezielte* Erosionsbekämpfungsmaßnahmen hier eine erhebliche Reduzierung des Sedimenteintrages bewirken.

- **Kleinere Bäche** nehmen ca. 20% des für das Gebiet ermittelten Gesamteintrages auf. Dieser niedrige Wert erklärt sich aus den Besonderheiten des dargestellten Gebietsausschnittes. So zeichnet sich das Gewässernetz der Bäche durch große Fließlängen und durch eine höhere Dichte in Bereichen mit sehr geringer oder geringer Bodenabtragsneigung aus. Dies gilt für weite Teile des Ambergaubeckens im südlichen und südöstlichen Blattgebiet ebenso wie für die flachen Talbereiche entlang des Büntebaches im Nordwesten.

4 MODELLGESTÜTZTE ERFASSUNG, ABSCHÄTZUNG UND BEWERTUNG VON BODENABTRÄGEN UND STOFFEINTRÄGEN AUF MESO- UND MIKROSKALIGER EBENE

4.1 *Parzellenbezogene Abschätzung der Bodenfruchtbarkeitsgefährdung durch Bodenerosion unter Anwendung der Allgemeinen Bodenabtragsgleichung (ABAG)*

Für die großmaßstäbige Abschätzung von Bodenabträgen existieren zahlreiche empirische und physikalische Modelle, die im Unterschied zu den zuvor beschriebenen einen höheren Parameterumfang und einen höheren Aufwand bei der Erfassung der Eingangsdaten erfordern. Das wohl bekannteste und noch immer am häufigsten eingesetzte empirisch-statistische Bodenerosionsmodell ist die in den USA von WISCHMEIER u. SMITH (1978) entwickelte Universal Soil Loss Equation (USLE), die von SCHWERTMANN et al. (1987) als Allgemeine Bodenabtragsgleichung (ABAG) für die Verhältnisse im bayerischen Raum adaptiert wurde.

Unter Berücksichtigung der von MOSIMANN u. RÜTTIMANN(1996) für die Verhältnisse Südniedersachsens beschriebenen Anpassungen konnte die ABAG für eine parzellenbezogene Abschätzung des Bodenabtrages und zur Bewertung der Bodenfruchtbarkeitsgefährdung für einen Gebietsausschnitt des Leine-Innerste-Berglandes eingesetzt werden. Karte 3 stellt den für die aktuelle Fruchtfolge ermittelten Bodenabtrag dar. Die Gefährdung der Bodenfruchtbarkeit durch Bodenerosion läßt

Tab. 2: Bodenabtrag und Gefährdung der Bodenfruchtbarkeit bei unterschiedlichen Nutzungs- und Bearbeitungsvarianten auf ausgewählten Parzellen.

Parzelle	Reale Fruchtfolge	Szenario 1 real/aktuell		Szenario 2 Schwarzbrache		Szenario 3 konventionell		Szenario 4 konservierend	
		Boden-abtrag (t/ha · a)	Gefähr-dungs-stufe	Boden-abtrag (t/ha · a)	Gefähr-dungs-stufe	Boden-abtrag (t/ha · a)	Gefähr-dungs-stufe	Boden-abtrag (t/ha · a)	Gefähr-dungs-stufe
8	WW-WG-ZR	13,9	3	81,4	3	13,9	3	3,0	0
18	ZR(ZF)-WW-WG	23,4	3	168,6	3	32,2	3	6,4	1
25	ZR-WW-WW	7,7	1	30,8	3	5,4	1	1,2	0
58	WW-ZR-WW	5,6	1	30,2	3	5,3	1	1,2	0
62	WG-(ZR,WW, SW,WR)-WW	6,5	1	31,7	3	5,5	1	1,2	0
82	WG-WW-ZR	5,3	0	27,2	3	4,7	0	1,0	0
89	WW-WW-ZR	8,5	2	44,1	3	7,7	1	1,7	0
91	ZR-SW-WW	14,7	3	54,9	3	9,6	2	3,0	0
92	WW-WG-WG	5,8	1	69,3	3	11,8	2	2,6	0
93	WW-WG-ZR	5,4	1	34,9	3	5,8	1	1,3	0
94	WW-WG-WR	13,5	3	118,9	3	20,5	3	4,5	0
108	WW-WW-ZR	6,0	1	30,9	3	5,4	1	1,2	0
180	WW-ZR-WW	10,3	3	49,9	3	8,6	1	1,9	0
213	ZR-WW-SW	13,1	3	67,0	3	11,7	2	2,5	0
215	WW-ZR-WW	18,6	3	125,6	3	21,0	3	4,8	2

Gefährdungsstufen: 0 = Bodenfruchtbarkeit nicht gefährdet, 1 = Bodenfruchtbarkeit kurzfristig nicht gefährdet (Schutzmaßnahmen empfehlenswert), 2 = Bodenfruchtbarkeit gefährdet (Schutzmaßnahmen notwendig), 3 = Bodenfruchtbarkeit stark gefährdet (Schutzmaßnahmen sehr dringlich).

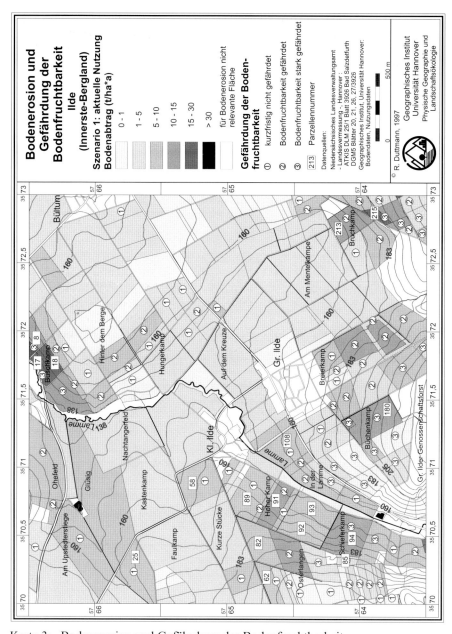

Karte 3:   Bodenerosion und Gefährdung der Bodenfruchtbarkeit.

sich nach einem von MOSIMANN u. RÜTTIMANN (1996) entwickelten Konzept ermitteln. In Abhängigkeit von der pflanzennutzbaren Gründigkeit des Bodens werden dort Richtwerte für einen "vorläufig akzeptierbaren Bodenabtrag" festgelegt. Bei ihrer Unterschreitung ergibt sich keine wesentliche Beeinträchtigung der Bodenfruchtbarkeit in einem Zeithorizont von 300 bis 500 Jahren (Stufe 0). Wird dieser Grenzwert überschritten, so ist der betreffende Ackerschlag in eine von maximal drei

Gefährdungsstufen (Stufen 1-3) einzugruppieren, denen bestimmte Dringlichkeits-stufen für Schutzmaßnahmen entsprechen. Eine solche Gefährdungsabschätzung läßt sich unter Einsatz eines Geographischen Informationssystems auf einfache Weise durchführen.

Karte 3 zeigt neben den auf der Grundlage der ABAG für das Gebiet Ilde modellierten mittleren jährlichen Bodenabträgen die parzellenbezogen ermittelten Gefährdungs-stufen der Bodenfruchtbarkeit. Hohe Gefährdungsstufen (Stufen 2 und 3) ergeben sich dabei natürlich an den stärker geneigten Hängen des Blattgebietes. Zusätzlich treten aber auch solche Areale mit stärkerer Gefährdung der Bodenfruchtbarkeit in Erschei-nung, für die vergleichsweise geringe Bodenabtragsmengen berechnet wurden. Hierbei handelt es sich vor allem um Parzellen in schwach geneigten Kuppen- und Oberhangbereichen mit einer pflanzennutzbaren Gründigkeit von weniger als 50 cm (Rendzinen, Braunerde-Rendzinen, Rendzina-Braunerden). Für solche Standorte gilt nach MOSIMANN u. RÜTTIMANN (1996) generell ein "kurzfristig akzeptierbarer Bodenabtrag" von 0 t/ha • a.

Das beschriebene Konzept zielt darauf ab, daß ein Ackerschlag so zu bewirtschaften ist, daß er längerfristig die Gefährdungsstufe Stufe 0 (Bodenfruchtbarkeit nicht gefährdet), mindestens aber die Stufe 1 erreicht (MOSIMANN 1995). Inwieweit diese Stufen bei gegebener Landbewirtschaftung erreicht oder überschritten werden, ist sicherlich nur in Einzelfällen direkt vor Ort überprüfbar. Eine praktikable Kontrollmöglichkeit bietet der Einsatz eines als "Prognose- und Managementsystem" eingerichteten Geographischen Informationssystems. Ein solches ermöglicht eine standardisierte und nachvollziehbare Abschätzung der Bodenerosionsgefährdung ebenso wie die Bestimmung von Gefährdungsstufen der Bodenfruchtbarkeit. Ein GIS gestütztes "Prognose- und Managementsystem" läßt sich zudem als Instrumentarium bei der Entwicklung von Schutzkonzepten einsetzen. So können beispielsweise Auswirkungen unterschiedlicher Landnutzungs- und Bewirtschaftungsvarianten mit Hilfe von Szenaranalysen simuliert werden.

Die Ergebnisse von vier solcher Szenarien sind für ausgewählte Parzellen in Tab. 2 und Karte 3 dargestellt. Im einzelnen wurden im Rahmen der Szenaranalyse folgende Nutzungs- und Bewirtschaftungsvarianten simuliert:

- Szenario 1: aktuelle Bodenerosion; tatsächliche Fruchtfolge und reale Bearbeitungs-bedingungen im Zeitraum von 1994/95 bis 1997.

- Szenario 2: potentielle Bodenerosion; alle Flächen ganzjährig Schwarzbrache (C-Faktor =1), keine Schutzmaßnahmen (P-Faktor = 1).

- Szenario 3: Fruchtfolge Winterweizen, Wintergerste, Zuckerrüben, konventio-nelle Bearbeitung.

- Szenario 4: Fruchtfolge Winterweizen, Wintergerste, Zuckerrüben, konservie-rende Bodenbearbeitung; Direktsaat von Zuckerrüben in Gelbsenf.

Aus dem Vergleich der für die einzelnen Simulationsrechnungen dargestellten Ab-tragsmengen und Gefährdungsstufen wird unter anderem folgendes deutlich:

- Auf allen derzeit konventionell bearbeiteten Schlägen läßt sich der Bodenabtrag nach den Modellergebnissen mit konservierender Bodenbearbeitung erheblich reduzieren. So ergibt sich nach dem Szenario 1 für das Gebiet ein Gesamtabtrag von 3260 t/a ($\cong$ 4,2 t/ha • a), während das Szenario 4 (hier angenommener "best case") einen Wert von 854 t/a ($\cong$ 1,1 t/ha • a) liefert. In den meisten Fällen läßt sich mit konservierender Bodenbearbeitung die Gefährdungsstufe 0 nach MOSIMANN u. RÜTTIMANN (1996) erreichen.

• Trotz einer möglichen Reduzierung der mittleren jährlichen Bodenabtragsrate um maximal 17 bis 31 t/ha • a (ca. 70%) gegenüber der aktuellen Nutzung, erlangen die in Kuppen- und steileren Oberhangbereichen (bes. Totenberg und Harplage) gelegenen Schläge aufgrund einer vergleichsweise geringen Bodengründigkeit im besten Falle eine Einstufung in die Gefährdungsstufe 1. Für Parzellen mit einer höheren Gefährdungsstufe wäre, dem Vorsorgeprinzip entsprechend, eine weitere ackerbauliche Nutzung zu überdenken.

4.2 Abschätzung von Sediment- und partikelgebundenen Phosphoreinträgen in Oberflächengewässer

4.2.1 Allgemeines zum Verfahren

Grundlage für die Bestimmung potentieller Feinmaterialübertritte in Oberflächengewässer und die Abschätzung des Eintrages von Feststoffen und partikelgebundenem Phosphat in Oberflächengewässer bildet das in Kap. 3.1 beschriebene Verfahren. Dabei wird auch hier von der Annahme ausgegangen, daß der Stoffeintrag nicht flächenhaft, sondern mehr oder weniger punktuell an den Schnittpunkten reliefbedingter Abflußleitbahnen mit dem Gewässer erfolgt. Der Anteil des Eintrages, der beispielsweise über Fahr- und Bearbeitungsspuren sowie über Entwässerungsfurchen) ins Gewässer gelangt, kann mit diesem Verfahren jedoch nicht erfaßt werden. Dazu wäre eine wesentlich höhere räumliche Auflösung mit einer in den Dezimeterbereich hineinreichenden Aufnahme der abflußrelevanten Strukturgrößen erforderlich (s. Kap. 5). Wie der Vergleich von berechneten und kartierten Übertrittsstellen ergab, konnten mit der hier eingesetzten Methode bis zu 65% der real auftretenden Eintragsbereiche vorhergesagt werden. Für diese lassen sich mit den bei NEUFANG et al. (1989) beschriebenen Gleichungen sowohl der Sedimenteintrag als auch der Eintrag des partikelgebundenen Phosphors abschätzen.

4.2.2 Vorgehensweise bei der Abschätzung des partikelgebundenen Phosphateintrages

Der Transport von Phosphor erfolgt überwiegend in gebundener Form. Als Sorbenten fungieren in der Hauptsache die feineren Bodenpartikel wie Ton und organische Substanz. Diese werden mit dem Oberflächenabfluß bevorzugt abgespült. Folge des selektiven Transports ist eine Anreicherung der kleineren Mineralbodenbestandteile und des daran sorbierten Phosphors im erodierten und akkumulierten Sediment (vgl. WIECHMANN 1967; SHARPLEY 1980, SHARPLEY u. WITHERS 1994). Die Anreicherung ist dabei um so stärker, je geringer der Bodenabtrag ist (AUERSWALD 1989). Diesen Zusammenhang berücksichtigt das sog. Enrichment Ratio (ER, Anreicherungsfaktor), das von zahlreichen Modellen (z.B. CREAMS, AGNPS) zur Berechnung des partikulären P-Transportes verwendet wird. Die Bestimmung des ER geht auf den bereits von MASSEY u. JACKSON (1952) formelmäßig beschriebenen Zusammenhang zwischen der abgetragenen Sedimentmenge und der Stoffanreicherung zurück. In der Zwischenzeit wurden ERs für mehrere Klimaräume und deren Böden auf experimentellem Wege abgeleitet, so daß in der Literatur verschiedene Formeln zur Bestimmung des Anreicherungsfaktors zu finden sind (MENZEL 1980, SHARPLEY 1980, SHARPLEY et al. 1985, NELSON u. LOGAN 1983, AUERSWALD 1989).

Das P-Anreicherungsverhältnis (ER) läßt sich nach SHARPLEY (1985) für *Einzelereignisse* folgendermaßen ermitteln:

$$\ln(ER) = 2{,}48 - 0{,}27 \bullet \ln(SED) \quad \Rightarrow \quad ER = 11{,}94 \bullet SED^{-0{,}27}$$

mit

SED   Bodenabtrag (kg/ha)

ER   Enrichment Ratio (P-Anreicherungsfaktor)

Eine umfassende Überprüfung und Anpassung dieser Enrichment Ratios unter Feldbedingungen steht für mitteleuropäische Verhältnisse allerdings nach wie vor aus. Neuere Untersuchungen von WILKE u. SCHAUB (1996) an verschiedenen Standorten im Schweizer Mittelland ergaben zwar eine P-Anreicherung im Abtragsmaterial. Ein Zusammenhang zwischen P-Anreicherung und Bodenabtragsmenge, wie er für nordamerikanische Verhältnisse festgestellt wurde, war jedoch nicht nachweisbar.

In der von AUERSWALD (1989) beschriebenen Form kann der Anreicherungsfaktor ER auch aus dem *langjährigen mittleren* Bodenabtrag berechnet werden. Die für bayerische Verhältnisse auf der Grundlage eines 20 Jahre umfassenden Simulationszeitraumes abgeleitete Gleichung lautet:

$$\ln(ER_L) = 0{,}92 - 0{,}206 \bullet \ln(A) \quad \Rightarrow \quad ER_L = 2{,}53 \bullet A^{-0{,}21}$$

mit

A   mittlerer jährlicher Bodenabtrag (t/ha×a)

ER_L "langjähriges" Enrichment Ratio (P-Anreicherungsfaktor)

Der mittlere jährliche P-Austrag bzw. -Eintrag in die Gewässer läßt sich bei bekanntem P-Gehalt des Bodens für die rechnergestützt ermittelten Übertrittstellen in folgender Weise abschätzen (NEUFANG et al. 1989, vgl. NELSON u. LOGAN 1983, AUERSWALD 1989):

$$P_{Input} = E_s \bullet P_{Boden} \bullet ER_L$$

mit

P_{Input} P-Eintrag (g/a)

E_s Sediment-Eintrag (t/a) (s. Kap. 3.2)

P_{Boden} P-Gehalt des Bodens (mg P /kg Boden)

ER_L Enrichment Ratio (P-Anreicherungsfaktor)

Zur Abschätzung und Bilanzierung des partikulären P-Eintrages wurden die mit der CAL-Methode ermittelten Phosphatgehalte der Oberböden verwendet. Ausschlaggebend hierfür waren vor allem praktische Gründe. Da die CAL-Methode standardmäßig bei landwirtschaftlichen Routineuntersuchungen zur Bestimmung des pflanzenverfügbaren Phosphates eingesetzt wird, liegen vergleichbare Angaben über den P-Gehalt des Bodens in Parzellenschärfe vor. Auf eine aufwendige flächendeckende Beprobung und Analyse kann somit weitgehend verzichtet werden. Mit der CAL-Extraktion wird allerdings nur ein Teil des pflanzenverfügbaren Phosphors im Boden erfaßt. Die mit dem Bodenabtrag tatsächlich in die Gewässer und Gräben eingetragene partikuläre P-Menge liegt deutlich höher als die hier berechnete (s. NEUFANG 1989). Da die verwendeten Anreicherungsfaktoren sowohl für den Gesamt-P-Gehalt als auch für das pflanzenverfügbare P Gültigkeit besitzen, ist ein relativer Vergleich der für die einzelnen Übertritte rechnerisch ermittelten P-Eintragsmengen jedoch möglich.

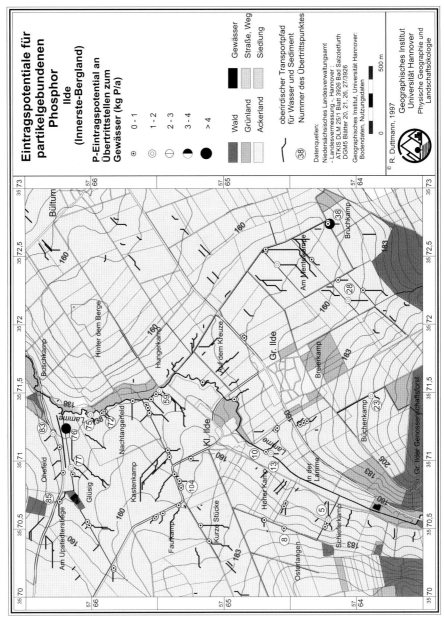

Karte 4:   Transportpfade und Einträge von partikelgebundenem Phosphor in Oberflächengewässer.

4.2.3 Modellergebnisse und Szenaranalysen zum partikulären Stoffeintrag

Die modellgestützt ermittelten Übertrittsstellen und die ihnen zugeordneten Sediment- und P-Einträge zeigt Karte 4. Insgesamt wurden für das Gebiet 109 Übertrittsbereiche vorhergesagt, von denen 67 eine Einzugsgebietsgröße von mehr als 750 m^2 aufwiesen. 42 dieser Übertritte konnten bei den Erosionskartierungen im Gelände nachgewiesen werden. Hierbei handelt es sich in der Mehrzahl um Eintragsstellen im Mündungsbereich von reliefbedingten Abflußleitbahnen in Gewässer und Gräben. Diese Orte zeichnen sich sowohl in der Realität als auch in den Modellrechnungen durch hohe Sedimentanlieferungsbeträge aus. Mit dem hier verwendeten Verfahren lassen sich somit Bereiche höherer Eintragsgefährdung recht sicher vorhersagen.

Tab. 3: Flächengrößen und -anteile der an Gewässer und Gräben grenzenden Ackerfläche.

	Ackerfläche mit Begrenzung durch Gewässer und Gräben			Ackerfläche mit potentieller Wasser- und Sedimentanlieferung an Gewässer und Gräben			Ackerfläche mit direkter Anbindung an Gewässer und Gräben (= Einzugsgebiet der Übertritte)		
	Gesamt	Bäche	Gräben	Gesamt	Bäche	Gräben	Gesamt	Bäche	Gräben
Flächengröße (ha)	574	88	486	229	34	195	99	25	74
Anteil an der gesamten Ackerfläche (%)	74	11	63	30	5	25	13	3	10

Nicht erfaßbar sind dagegen die durch Bearbeitungsmaßnahmen hervorgerufenen und nur kurzfristig auftretenden Abflußwege und Übertrittsstellen. Gleiches gilt auch für Übertrittsbereiche und Transportpfade, deren Entstehung auf zufallsbedingte Ursachen zurückzuführen ist.

Wie Tab. 3 zeigt, grenzen ca. 74% der Ackerfläche im Raum Ilde an Oberflächengewässer. Hiervon trägt allerdings nur ein kleiner Teil zum Sedimenteintrag in die Gewässer- und Grabensysteme bei. Bezogen auf die gesamte ackerbaulich genutzte Fläche, ergibt sich aus den Modellrechnungen ein Flächenanteil von etwa 13%, der mit den Übertrittsbereichen am Gewässer direkt in Verbindung steht. Für die Gesamtheit der Übertrittsstellen errechnet sich unter Annahme der realen Nutzungs- und Bearbeitungsbedingungen ein Sedimenteintrag von etwa 280 t/a und ein P-Eintrag von 44 kg/a. Bezogen auf die Größe des Liefergebietes ergibt sich für die vorhergesagten Übertritte ein durchschnittlicher jährlicher Sedimenteintrag von 2,9 t/ha • a und ein P(CAL)-Eintrag etwa 444 g P/ha • a. Allerdings gelangt nur ein Teil der eingetragenen Sedimentmenge tatsächlich in Flüsse, Bäche und wasserführende Gräben. Etwa die Hälfte der Gräben führte nur periodisch Wasser oder war im Beobachtungszeitraum immer trocken, so daß das eingetragene Sediment hier über mehr oder weniger lange Zeiträume zwischendeponiert wird. Die Abschätzung der tatsächlich in die Fließgewässer gelangenden und von diesen aus dem Gebiet ausgetragenen Sediment- und P-Menge ist deshalb nur schwer möglich. Abschätzungen von PRASUHN u. BRAUN (1994) für ackerbaulich genutzte Einzugsgebiete der Schweiz ergaben

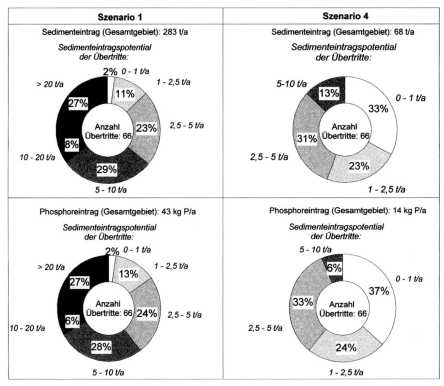

Abb. 3: Prognostizierte Sedimenteinträge an Übertrittsstellen des Feinboden-transportes in Teileinzugsgebieten von Lamme und Nette, differenziert nach Gewässertypen und dem Eintragspotential von Übertritten.

Phosphoreinträge von 190 bis 510 g P/ha • a. NOLTE (1991) beziffert die über diffuse Quellen gesamthaft eingetragene P-Menge für das Elbeeinzugsgebiet der neuen Bundesländer mit 0,9 bis 1,3 kg P/ha. Geht man davon aus, daß die Bodenerosion etwa 75% des diffusen Stoffeintrages ausmacht, so ergibt sich ein P-Eintrag von 675 bzw. 975 g/ha • a. In diese Größenordnung fügt sich der für den Raum Ilde berechnete Wert gut ein.

Die Einträge von Sediment und Phosphor lassen sich mittels konservierender Boden-bearbeitung deutlich reduzieren. Wie die Ergebnisse der in Tab. 4 dargestellten Simulationsrechnungen zeigen, kann der Eintrag von Feststoffen bei konservierender Bodenbearbeitung und unter Beibehaltung der jeweiligen Fruchtfolge um 76% gegen-über dem aktuellen Wert verringert werden. Gleiches gilt auch für den Phosphatein-trag, der sich auf etwa 30% des Ausgangswertes senken läßt.

Tab. 4: Vergleich der Eintragspotentiale von Sediment und partikelgebundenem Phosphor an prognostizierten Übertritten bei unterschiedlichen Landnutzungs- und -bewirtschaftungsvarianten.

Eintrags-potential	Szenario 1 (aktuelle Fruchtfolge, reale Bearbeitungs-bedingungen)		Szenario 3 WW-WG-ZR (konventionelle Bearbeitung)		Szenario 4 (reale Fruchtfolge, konservierende Bodenbearbeitung)		Differenz Szenario1-Szenario4	
	Sediment (t/a)	Phosphor (kg/a)	Sediment (t/a)	Phosphor (kg/a)	Sediment (t/a)	Phosphor (kg/a)	Sediment (t/a)	Phosphor (kg/a)
Summe aller Übertritte (n=67)	283	44	309	45	68	14	215	30
Höchstes Ein-tragspotential	27	5	41	4	9	1	18	4
Durchschnitt aller Übertritte	4,2	0,6	4,6	0,7	1,0	0,2	3,3	0,4

5 PROGNOSE LINEARER BODENABTRAGSPFADE AUF MIKROSKALIGER EBENE

5.1 Allgemeines

In vielen Regionen Europas verursachen linienhafte Bodenabträge große Schäden. Während das erodierte Bodenmaterial bei flächenhaftem Abtrag zumeist auf dem Ackerschlag verbleibt, werden durch den gebündelten Abfluß in Erosionsrillen und -rinnen nicht selten Schäden außerhalb des direkt betroffenen Schlages hervorgerufen. Im Gefolge linearer Transportwege lassen sich drei Hauptformen stofflicher Übertritte beobachten:

1. Übertritt des Feinbodens aus einer höher gelegenen Ackerparzelle in einen benachbarten Schlag.
2. Übertritt des Feinbodens aus einer Ackerparzelle auf Wege. Straßen und Wege wirken dabei auch abflußbündelnd und ermöglichen so einen Weitertransport der Bodensubstanz.
3. Direkter Übertritt des Abtragsmaterials in Gräben und Fließgewässer.

Zur modellhaften Erfassung der linearen Erosion existieren derzeit verschiedene Ansätze. Einen Ansatz für ein physikalisch begründetes Rillen- und Rinnenerosions-modell beschreiben GOVERS (1991) und GILLEY et al. (1992). Dessen Berechnungs-algorithmen berücksichtigen die Entstehung und Transportkapazität einer einzelnen Rille. Eine Weiterentwicklung dieses Ansatzes stellt das Modell "PRORIL" (LEWIS et al. 1994) dar. Dieses verknüpft den physikalischen Prozeß mit stochastischen Aussagen zur Verteilung und zum Auftreten linearer Erosionsformen. Untersucht man beide Modelle jedoch auf ihre Praxistauglichkeit, so zeigt sich, daß sie sehr "parameter-intensiv" sind und einen erheblichen Datenerhebungsaufwand erfordern.

Eine einfachere Möglichkeit, das Auftreten linearer Erosionsformen vorherzusagen, bietet der von LUDWIG et al. (1995) vorgestellte Ansatz. Auf der Grundlage morphologischer Einzugsgebietsmerkmale und unter Berücksichtigung von Bodeneigenschaften und Bearbeitungsbedingungen wird hierbei ein hydrologisches Netzwerk generiert, mit dem die Hauptabflußbahnen in einem Einzugsgebiet abgebildet werden können. Das Modell weist allerdings den Nachteil auf, daß mikromorphologisch für die Entstehung von Erosionsrillen und -rinnen bedeutsame Strukturen (z.B. Fahrspuren) nicht erfaßt werden. In Erweiterung dieses Ansatzes laufen derzeit Entwicklungsarbeiten an einem GIS-basierten Prognosemodell. Dieses soll die Einflüsse der auf mikroskaliger Ebene wirksamen Strukturelemente bei der Prognose linearer Erosionsformen mit berücksichtigen. Der Aufbau dieses Modells soll im folgenden vorgestellt werden.

5.2 Konzeption eines mikroskaligen rechnergestützten Prognosesystems zur Vorhersage linearer Erosion

Das in Entwicklung befindliche Modell dient der Vorhersage linearer Abtragsformen und punktueller Übertritte des Feinbodens in benachbarte Flächen und in Gewässer. Zur Bestimmung der Transportpfade werden neben morphometrischen Größen, Nutzungs- und Bewirtschaftungsmerkmalen auch erosionsbeeinflussende Raumstrukturelemente wie Wege, Hecken, Gebüschreihen, Gräben, Gewässerrandstreifen, Ackerrandfurchen usw. herangezogen. Durch die zeitlich differenzierte Berechnung der Abflußhöhe in den jeweiligen Abflußbahnen ist es möglich, das 'Überfließen' kleinerer Strukturen zu erfassen und die damit verbundene weitere Bündelung des Abflusses in den nachfolgenden Berechnungsschritten zu berücksichtigen. Beim Auftreffen des Fließweges auf eine Rasterzelle mit einem parzellenbegrenzenden Element wird eine "Entscheidungsleiter" durchlaufen. Diese ermittelt anhand wichtiger Strukturmerkmale (z.B. Höhe der Ackerrandfurche, Tiefe der Transportbahn, Breite und Rauhigkeit der Parzellengrenze), ob das betreffende Element überströmt werden kann (Abb. 4). Bei Überströmung des Raumstrukturelementes wird der Fließweg bis zu seinem Endpunkt weiterverfolgt. Im einzelnen liefert das Modell folgende Ergebnisse:

1. Berechnung von Lage und Verlauf linearer Erosionsformen.
2. Vorhersage von Verlauf und Endpunkten linearer Wasser- und Stofftransportpfade unter Berücksichtigung komplexer Struktureinflüsse.

Damit leistet das Modell einen Beitrag zur hochauflösenden Erfassung schlagübergreifender Transportvorgänge und zur Vorhersage der Anbindung von stoffliefernden Flächen an Oberflächengewässer.

5.3 Die Module des Modells

Das in VISUAL BASIC programmierte Modell besteht aus folgenden Modulen:

1. Datenkonvertierung und Eingangsdatenkontrolle

Die Ermittlung linearer Erosionsformen erfolgt rasterorientiert. Da zahlreiche Basisdaten im Informationssystem im Vektorformat (topographische Daten, Parzellengrenzen, Wege- und Grabennetz, Bodendaten) vorliegen, führt das Programm eine

Vektor-/Rasterkonvertierung durch. Hierbei werden die Eingangsdaten in ein regelmäßiges Raster mit einer Zellenweite von 2 • 2 m überführt. Die Größe der einzelnen linienhaften Strukturelemente entspricht dann der Rastergröße und wird in einem weiteren Arbeitsschritt der Tiefe bzw. Breite der Strukturen größenmaßstäblich angepaßt. Zusätzlich erfolgt hier eine Prüfung des eingesetzten DGM auf Datenlücken. Diese werden mittels eines linearen Interpolationsverfahrens geschlossen.

2. Reliefanalyse

Als Eingangsdaten werden digitale Geländemodelle mit einer Rasterauflösung von 12,5 m verwendet. Um eine fehlerfreie Berechnung der Abflußwege zu gewährleisten, wird das Geländemodell nach abflußlosen Rasterzellen (sinks) durchsucht. Dabei werden die Höhenwerte der abflußlosen Rasterzellen auf iterativem Wege solange erhöht, bis alle sinks beseitigt sind. Da für die spätere Bestimmung der linearen Erosionsformen eine höhere Rasterauflösung erforderlich ist, erfolgt anschließend eine Interpolation auf eine Rasterzellengröße von 2 • 2 m.

3. Automatisierte Bestimmung von Bearbeitungsrichtungen und Fahrspurdichten

Die Bearbeitungsrichtung wird über das Längen-/ Breitenverhältnis der Schlaggrenzen abgeleitet. Statistische Auswertungen von Kartierungen ergaben, daß die Bearbeitungsrichtung in mehr als 80% der Fälle parallel zur Schlaggrenze mit der größten Länge verläuft. In einem ersten Modellschritt wird deshalb für jeden Ackerschlag die Parzellengrenze mit der längsten Erstreckung ermittelt. Unterscheidet sich das Längenverhältnis von dem Breitenverhältnis um weniger als 20%, so zieht der Algorithmus das Wege- und Straßennetz und daraus ableitbare Zufahrten als zusätzliche Entscheidungshilfen für die Vorhersage von Bearbeitungsrichtungen und Vorgewenden heran. Zusätzlich wird die Fahrspurdichte bestimmt. Je nach Größe der Bearbeitungsgeräte schwankt der Abstand der Fahrspuren in dem hier dargestellten Gebiet zwischen 12 und 16 m.

4. Zentrales Berechnungsmodul

Bei der Bestimmung der Transportpfade werden lineare Raumstrukturelemente (z.B. Verläufe von Ackerrand- und Grünstreifen, Parzellengrenzen, Gewässersysteme) und bearbeitungsbedingte Kleinstrukturen (Fahr- und Bearbeitungsspuren, Entwässerungsfurchen und Ackerrandfurchen) mit dem digitalen Geländemodell gekoppelt. Den Strukturelementen sind Höhen- und Breitenangaben zugeordnet. Durch die Verknüpfung der Reliefdaten mit den Attributen der Strukturelemente (s. Tab. 5) ist es möglich, Nutzungs- und Bewirtschaftungseinflüsse bei der Generierung des hydrologischen Abflußnetzes mit zu berücksichtigen. Die Berechnung hydrologischer Gebietskennwerte (z.B. Abflußrichtung, Abflußmenge, Länge der Fließstrecke, lokale Einzugsgebietsgröße) beruht dabei auf gängigen hydrologischen Verfahren. So wird die Abflußrichtung beispielsweise nach dem "D8-Algorithmus" von O'CALLAGHAN u. MARK (1984) ermittelt.

Die ereignisbezogene Abschätzung des Oberflächenabflusses erfolgt nach dem SCS-Curve Number-Verfahren (SCS-USDA, 1972). Hierbei wird zunächst der effektive Niederschlag ermittelt. Durch anschließende Abflußkaskadierung läßt sich der Oberflächenabfluß für jede Rasterzelle zeitschrittbezogen berechnen und unter Berücksichtigung des Gerinnequerschnittes der Transportbahnen die Abflußhöhe bestimmen. Die zur Berechnung der Abflußhöhe benötigten Querschnitte bearbeitungs- und nutzungsbedingter Abflußwege werden mit einem empirischen Verfahren abgeschätzt. Erreicht die ermittelte Abflußhöhe in einer Rasterzelle einen Wert, der ein Überfließen einer Rille oder Rinne zur Folge hat, erfolgt eine erneute Fließwegeberechnung (s. Abb. 4). Auf diese Weise können zeitliche Änderungen des Fließwegeverlaufs berücksichtigt werden.

Tab. 5: Modelleingangsgrößen zur Bestimmung von linearen Transportpfaden und punktuellen Übertritten.

Strukturelement	Merkmal
(z.B. Schlaggrenze, Graben, Feldweg, Straße, Gewässerrandstreifen, Bankett)	Nr.
	Länge (m)
	Breite (cm)
	Tiefe (cm)
	Gerinnequerschnitt (cm^2)
	Bodengefüge
	Bodenverdichtungen (klassifiziert)
	Rauhigkeitswert (s/m$^{1/3}$)
	Endelement (J/N) (Sofern ein Element im Graben oder Vorfluter endet, wird das Abflußverhalten nicht weiter betrachtet)

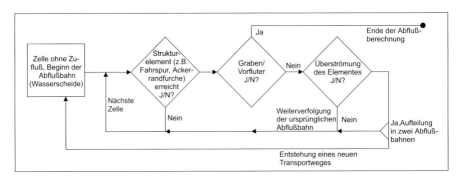

Abb. 4: Entscheidungsleiter für die rechnergestützte Vorhersage oberirdischer Transportpfade und punktueller Übertritte.

Zur Simulation ausgewählter Szenarien lassen sich die den Rasterzellen zugewiesenen Attributwerte in beliebiger Form verändern. Ein Beispiel für die mit dem beschriebenen Modell vorhergesagten Transportwege und Übertrittsstellen zeigt Abb. 5. (rechte Hälfte). Der Vergleich mit den allein auf der Grundlage des digitalen Reliefmodells ermittelten Fließwegen (linke Abbildungshälfte) macht die verschiedenen Einflüsse der vom Modell zusätzlich berücksichtigten Strukturelemente (Parzellengrenzen, Ackerrandfurchen, Wege und Gräben) auf den Verlauf der linearen Transportwege deutlich. Erste Vergleiche mit den Ergebnissen der Erosionsschadenkartierungen ergaben, daß Bereiche mit bevorzugtem Auftreten linearer Abtragsformen zu etwa

70% modellgestützt vorhersagbar sind. Die Vorhersagegenauigkeit für Übertritte des oberirdisch abfließenden Wassers in angrenzende Schläge, Gewässer und auf Straßen liegt sicher in der gleichen Größenordnung.

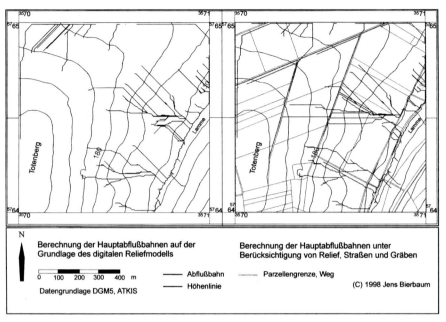

Abb. 5: Parzellenbezogene Vorhersage linearer Transportpfade für Wasser und erodierten Feinboden.

6   ZUSAMMENFASSUNG

Der Beitrag beschreibt Beispiele für die GIS-gestützte Erfassung und Bewertung oberirdischer Stofftransporte und Stoffeinträge in Oberflächengewässer auf unterschiedlichen räumlichen Dimensionsstufen. Hierbei kommt ein "downscaling"-Verfahren zur Anwendung. Ausgehend von der Makroskale (regionische Dimension) ist jeder Dimensionsebene eine Auswahl gängiger Schätz- und Bewertungsmodelle zugeordnet. Diese tragen der Qualität und Auflösung der im jeweiligen Maßstabsbereich verfügbaren oder mit überschaubarem Aufwand bereitstellbaren Basisdaten Rechnung. Die für den Stofftransport besonders relevanten Flächen und Transportwege lassen sich Schritt für Schritt eingrenzen und mit hoher räumlicher Genauigkeit festlegen.

Um auch in der Praxis anwendbar zu sein, handelt es sich bei den eingesetzten Modellen um hinreichend erprobte Standardverfahren, die vergleichsweise geringe Anforderungen an den Umfang der Eingangsdaten stellen. Integriert in Geographische Informationssysteme lassen sich die beschriebenen Verfahren für Zwecke des landwirtschaftlichen Einzugsgebietsmanagements sowie für Planungs- und Vollzugsmaßnahmen in Boden- und Gewässerschutz einsetzen. So ermöglicht die Anbindung der Modelle an flächenbezogene Datenbanken Geographischer Informationssysteme eine rasche Durchführung von Szenaranalysen. Anhand ihrer Ergebnisse lassen sich Maßnahmenvorschläge erarbeiten, die an die natürlichen Gegebenheiten angepaßt sind und sich auf die relevanten Flächen konzentrieren. Dies ist ein Beitrag für eine verbesserte Kosten-/ Nutzen-Relation bei der Sicherung der Schutzgüter Boden und Wasser.

DANKSAGUNG

Große Teile der Arbeit beruhen auf Ergebnissen des von der DFG geförderten Forschungsprojektes "partikelgebundener Stofftransport". Die Autoren danken der Deutschen Forschungsgemeinschaft für die finanzielle Unterstützung.

LITERATUR

AUERSWALD, K. (1989): Predicting nutrient enrichment from long-term average soil loss. - Soil Technol. **2**, 271-277

- (1993): Bodeneigenschaften und Bodenerosion. - Relief, Boden, Paläoklima, Bd. **8**, Stuttgart, 208 S.

AUERSWALD, K., FLACKE, W. u. L. NEUFANG (1988): Räumlich differenzierende Berechnung großmaßstäblicher Erosionsprognosekarten - Modellgrundlagen der dABAG. - Zeitschr. Pflanzenernähr., Bodenkd., **151**, 369-373

BECKER, A. (1992): Methodische Aspekte der Regionalisierung. - In: KLEEBERG, H.-B. [Hrsg.]: Regionalisierung in der Hydrologie. - Ergebnisse von Rundgesprächen der Deutschen Forschungsgemeinschaft, Mitteilung XI der Senatskommission für Wasserforschung, Weinheim, 16-32

DUTTMANN, R. u. Th. MOSIMANN (1995): Der Einsatz Geographischer Informationssysteme in der Landschaftsökologie - Konzeption und Anwendungen eines Geoökologischen Informationssystems. - In: BUZIEK, G. [Hrsg.] (1995): GIS in Forschung und Praxis, Stuttgart, 43-59.

FLACKE, W., AUERSWALD, K. u. L. NEUFANG (1989): Combining a modified Universal Soil Loss Equation with a digital terrain model for computing high resolution maps of soil loss resulting from rain wash. - Catena, **17**, S. 383-397

GILLEY, J.E., KINCAID, D.C., ELLIOT, W.J. u. J.M. LAFLEN (1992): Sediment discovery on rill and interrill areas. - Catena, **19**, 313-341

GOVERS, G. (1991): Rill erosion on arable land in central Belgium: Rates, Controles and predictability. - Catena, **18**, 133-155

GÖPFERT, W. (1991): Raumbezogene Informationssysteme. Grundlagen der integrierten Verarbeitung von Punkt-, Vektor- und Rasterdaten, Anwendungen in Kartographie, Fernerkundung und Umweltplanung. - 2. Aufl., Karlsruhe, 318 S.

HENNINGS, V. (Koord.) (1994): Methodendokumentation Bodenkunde. Auswertungsmethoden zur Beurteilung der Empfindlichkeit und Belastbarkeit von Böden. - Geol. Jahrb., Reihe F, H. **31**, Stuttgart, 242 S.

LESER, H. (1991): Landschaftsökologie. - UTB **521**, Stuttgart, 647 S.

LEWIS, S.M., BARFIELD, B.J., STORM, D.E. u. L.E. ORMSBEE (1994): PRORIL
- An erosion model using probability distributions for rill flow and density. I. Model
development. - Transact. of the ASAE, Vol. **37**(1), 115-123

- (1994): PRORIL - An erosion model using probability distributions for rill flow and
density. II. Model validation. - Transact. of the ASAE, Vol. **37**(1), 125-133

LUDWIG, B.J., BOIFFIN, J., CHADOEUF, J. u. A.V. AUZET (1995): Hydrologic
structure and erosion damage caused by concentrated flow in cultivated catchments.
- Catena, **25**, 227-252

MENZEL, R.G. (1980): Enrichment ratios for water quality modeling. - In: KNISEL,
W.G. (Ed.) (1980): CREAMS: a field scale model for chemicals, runoff and
erosion from agricultural management systems. - USDA, Conserv. Res. Rep. No.
26, 1-12

MOSIMANN, Th. (1995): Schätzung der Bodenerosion in der Praxis und Beurteilung
der Gefährdung der Bodenfruchtbarkeit durch Bodenabtrag. - BoS, 19. Lfg IX/95,
1-34

MOSIMANN, Th. u. M. RÜTTIMANN (1996): Abschätzung der Bodenerosion und
Beurteilung der Gefährdung der Bodenfruchtbarkeit. Grundlagen zum Schlüssel für
Betriebsleiter und Berater mit den Schätztabellen für Südniedersachsen. - Geosynthesis,
Veröff. der Abt. Physische Geographie und Landschaftsökologie am Geographischen
Institut der Universität Hannover, H. **9**, 52 S.

NEEF, E. (1963): Dimensionen geographischer Betrachtungen. - Forsch. u. Fortschr.,
37, 361-363

NELSON, D.W. u. T.J. LOGAN (1983): Chemical processes and tranport of phosphorus.
In: SCHALLER, F.W. u. G.W. BAILEY (Ed.): Agricultural management and
water quality. Part 2: Agricultural non-point sources and pollutant processes. -
Iowa, 65-91

NEUFANG, L., AUERSWALD, K. u. W. FLACKE (1989a): Räumlich differenzierende Berechnung großmaßstäblicher Erosionsprognosekarten - Anwendung der
dABAG in der Flurbereinigung und Landwirtschaftsberatung. - Z. f. Kulturtechn.
u. Landentw., **30**, 233-241

- (1989b): Automatisierte Erosionsprognose- und Gewässerverschmutzungskarten
mit Hilfe der dABAG - ein Beitrag zur standortgerechten Bodennutzung. - Bayer.
Landwirtsch. Jahrb., Bd. **66**, H. **7**, 771-789

NOLTE, C. (1991): Stickstoff- und Phosphoreintrag über diffuse Quellen in Fließgewässer des Elbeeinzugsgebietes im Bereich der ehemaligen DDR. - Schriftenreihe Agrarspectrum, Frankfurt, 111 S.

O'CALLAGHAN, J.F. u. D.M. MARK (1984): Extraction of drainage networks from
digital elevation data. - Computer Vision, Graphics and Image Processing, **28**, 323-
344

PLATE, E.J. (1992): Skalen in der Hydrologie: Zur Definition von Begriffen. - In:
KLEEBERG, H.-B. (Hrsg.): Regionalisierung in der Hydrologie. - Ergebnisse von
Rundgesprächen der Deutschen Forschungsgemeinschaft, Mitteilung XI der Senats-
kommission für Wasserforschung, Weinheim, 33-44

PRASUHN, V. u. M. BRAUN (1994): Abschätzung der Gewässerbelastung durch Erosion im Kanton Bern. - Mitt. d. Dtsch. Bodenkundl. Gesellsch., Bd. **74**, 119-122

SCS (Soil Conservation Service) - USDA (1972): National Engineering Handbook. Sec. **4**, Hydrology. - Washington D.C.

SHARPLEY, A.N. (1980): The enrichment of soil phosphorus in runoff sediments. - Journ. of Environ. Qual., Vol. **9**, 3, 521-526

- (1985): The selective erosion of plant nutrient in runoff. - Soil Sci. Am. J., Vol. **49**, 1527-1534

SHARPLEY, A.N. u. P.J.A. WITHERS (1994): The environmentally-sound management of agricultural phosphorus. - Fertilizer Research, Vol. **39**, 2, 133-146

SCHMIDT, R.-G. (1988): Methodische Überlegungen zu einem Verfahren zur Abschätzung des Widerstandes gegen Wassererosion. - Regio Basiliensis, **XXIX**/ 1 u. 2, Basel, 111-121

- (1992): Methoden in der Bodenerosionsmessung - ein aktueller Überblick. - Flensburger Regionale Studien, Sonderh. **2**, Flensburg, 172-194

SCHMIDT, J. (1996): Entwicklung und Anwendung eines physikalisch begründeten Simulationsmodells für die Erosion geneigter landwirtschaftlicher Nutzflächen. - Berliner Geogr. Abhandl., Bd. **61**, 148 S.

SCHWERTMANN, U., VOGL, W., KAINZ, M. unter Mitarb. von K. AUERSWALD u. W. MARTIN (1990): Bodenerosion durch Wasser. Vorhersage des Abtrags und Bewertung von Gegenmaßnahmen. - 2. Aufl., Stuttgart, 64 S.

TURNER, M.G. u. R.H. GARDNER (Eds.) (1991): Quantitative methods in landscape ecology. The analysis and interpretation of landscape heterogenity. - Ecological Studies, **82**, New York, Berlin, Heidelberg, 536 S.

WIECHMANN, H. (1973): Beeinflussung der Gewässereutrophierung durch erodiertes Bodenmaterial. - Landwirtsch. Forsch., Bd. **26**, H. 1., 37-46

WILKE, B. u. D. SCHAUB (1996): Phosphateintrag bei Bodenerosion. - Mitt. d. Dtsch. Bodenkundl. Gesellsch., Bd. **79**, 435-438

WISCHMEIER, W.H. u. D.D. SMITH (1978): Predicting rainfall erosion losses - a guide to conservation planning. - USDA, Agricultural Handbook, No. **537**, Washington D.C., 58 S.

STOFFUMSATZ- UND ABFLUSSPROZESSE ALS AUS-DRUCK DER SENSIBILITÄT EINES EINZUGSGEBIETES

1   EINLEITUNG

1986 bis 1990 wurden in einem Einzugsgebiet im schweizerischen Faltenjura im Rahmen des Basler landschaftsökologischen Forschungs-Konzepts unter verschiedenen klima-, bio-, und hydroökologischen Aspekten Messungen zum Stoffhaushalt durchgeführt (DETTWILER 1990, EGGENBERGER 1986, GEYER 1991, GLASSTETTER 1991, KEMPEL-EGGENBERGER 1992, KEMPEL-EGGENBERGER 1993, REBER 1992, REBER 1988, SCHERRER 1990). Vorgestellt wird hier der Versuch, mit dem Themenkreis 'Niederschlag - Stoffumsatz - und Abflußprozesse' einen Teilbereich des Leistungsvermögens des Landschaftshaushaltes aus einer nach dem Prinzip der Landschaftsökologischen Komplexanalyse (LESER 1991, MOSIMANN 1984) erhobenen Datenreihe direkt abzulesen.

Die Leistung des Einzugsgebietes resultiert nach Abb. 1 in einem konstant gehaltenen Wasser- und Stoffaustrag bei variablen Niederschlagsereignissen und variablen niederschlags- und bodenchemisch bedingten Säureschüben. Der entscheidende Faktor für diese konstante Reaktion ist demnach die Organisation der einzugsgebietsinternen Stoffflüsse in Raum und Zeit. Das eigentliche Untersuchungsobjekt ist das dreidimensionale Umsatz-Netzwerk, welches zwischen den Standortreaktionen und dem Einzugsgebietsaustrag aufgespannt wird. Der Grad der Komplexität dieses

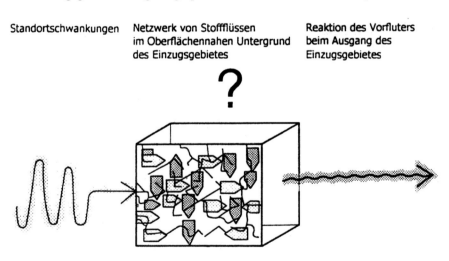

Abb. 1:   Die 'Leistung' des Einzugsgebietes.
Die Stoffflüsse bei den Meßstandorten, welche bedingt durch die hohe Variabilität des Niederschlagsprozesses eine große Schwankungsbreite aufweisen, kommen nicht beim Ausgang des Einzugsgebietes an. Ein zwischengeschaltetes dichtes Netzwerk mit einem komplexen Muster fängt die Flüsse auf und leistet einen konstantgehaltenen Stoffaustrag.

69

Netzwerkes entscheidet, wie, wann und ob überhaupt die Standortflüsse aufgefangen, transformiert und/oder zum Ausgang des Einzugsgebietes weitergeleitet werden.

2 DIE DISPOSITION DES UNTERSUCHUNGSGEBIETES

Das Untersuchungsgebiet befindet sich im Hohen Faltenjura ungefähr 25 km südlich von Basel. Die Erscheinung dieses Kalkmittelgebirges wird dominiert vom Faltenbau. Die geoökologischen Teileinheiten des Einzugsgebietes sind tektonische Falten-bauteile (Abb. 2): Der Höhenbereich (I) ist der Südschenkel der Passwangantiklinalen und wird von steilanstehenden Kalksand-Tonen und Mergeln aufgebaut. Unterhalb

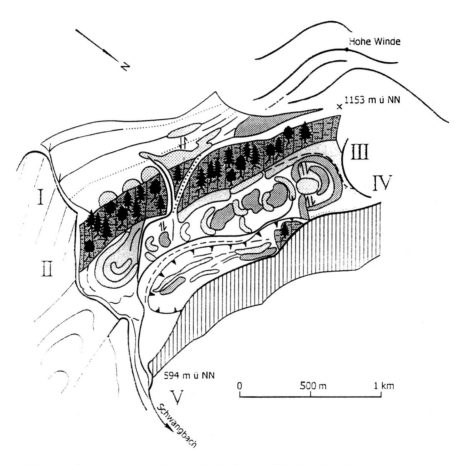

Abb. 2: Die Ausstattung der geoökologischen Teileinheiten des Untersuchungs-gebietes.

I Höhenbereich: Die steilanstehenden Tone und Mergelschichten bilden eine Vernässungszone schlechter Durchlässigkeit.

II Kalksteilstufe: Die klüftigen Kalkbänke leiten das Niederschlagswasser in den Untergrund ab und kontrollieren das überschüssige Wasser des Höhenbereichs.

III Interner Hangbereich: Die quartäre Solifluktionsdecke ist so mächtig, daß ihre

*Entwässerung unabhängig von den Flüssen im geologischen Untergrund statt-
findet. Große innere Differenzierung schafft eine Vielzahl von hydraulisch
wirksamen Struktur-Grenzflächen.*

*IV Externer Hangbereich: Die quartäre Decke wird im Untergrund von einer in
Gips-Mergeln angelegten Überschiebungsfläche abgeschnitten. Diese funktio-
niert als Hauptader der Entwässerung. Kurze, variable Fließstrecken an der
Oberfläche sind ein Indiz für eine hohe Expansionskapazität des schnellen
Oberflächenabflusses.*

*V Talausgang: Durch eine enge Kerbe fließt der Schwangbach in die Lüssel ein.
Mächtigkeit und Wasserführung der quartären Schotter im Untergrund sind
unbekannt.*

der bewaldeten Kalksteilstufe (II), welche das überschüssige Wasser aus dem vernäßten
Höhenbereich kontrolliert, sind die Hangbereiche (III, IV) angegliedert. Dabei handelt
es sich um mehrere 10-er mächtige Hangrutsch- und Bergsturzmassen, welche den
darunterliegenden Tonkern der Antiklinalen begraben. Diese quartären Decken großer innerer Differenzierung sind denn auch der Grund, für eine vom verkarsteten
Untergrund abgehobene Entwässerung des Einzugsgebietes ('bedeckter' Karst). Die
markanten fluvialen Formen markieren das eiszeitliche Flußnetz und tragen heute als
Trockentäler nichts zur Niederschlags-Abfluß-Reaktion bei.

3 MODELLVORSTELLUNGEN ZUR INTERPRETATION DER MESSDATEN

Ausgangspunkt für die Interpretation der Meßdaten war die Annahme, daß das
Umsatz-Netzwerk im Oberflächennahen Untergrund im wesentlichen durch das
Zusammenspiel zweier kontroverser Fließmechanismen (A) und (B) generiert wird
(Abb. 3):

Die Rückkopplungen sind überwiegend negativ, was bewirkt, daß sich die durch
Niederschläge initiierten Stoffflüsse im Boden kontinuierlich aufspalten. Dadurch
dünnen sie aus, werden durch die Evapotranspiration verbraucht oder gehen als
immobiles Bodenwasser in einen Langzeitspeicher ein. Im Laufe dieses Prozesses
nimmt die Reaktionsfläche im Verhältnis zur Durchflußmenge zu.

Die Rückkopplungen sind positiv. Die Flüsse werden unter Selbstverstärkung kanalisiert und ins Netzwerk der Umgebung ausgeschüttet. Die Reaktionsfläche nimmt im
Verhältnis zur Durchflußmenge ab.

Diese beiden Grundmuster stehen in direktem Zusammenhang mit den unterschiedlichen Umsatzprozessen der involvierten räumlich-zeitlichen Dimensionen des Umsatznetzwerkes (Abb. 4):

Grundmuster (A) entsteht durch Sickerprozesse mit einem vertikalen Richtungsschwerpunkt in der topisch-subtopischen Dimension (räumlich 'downscaling'). Als
immobiles Bodenwasser wird der Langzeit-Bodenspeicher ernährt (zeitlich 'upscaling').
Dieses Rückhaltevermögen entspricht nach den obigen Ausführungen der eigentlichen Leistung des betrachteten Systems. Grundmuster (B) generiert schnellen Direktabfluß an der Oberfläche, welcher in kurzer Zeit (zeitlich 'downscaling') in der
mesochorischen Dimension ankommt (räumlich 'upscaling'). Diese Flüsse gehen
dem betrachteten Systemausschnitt irreversibel verloren. Aus der Überlagerung
dieser beiden Prozeßfelder können die Interflowprozesse in der dritten beteiligten, der

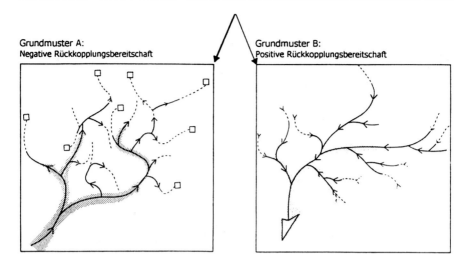

Abb. 3: Zusammenhang zwischen Fließmechanismus, Rückkopplungsbereitschaft und resultierendem Umsatzmuster im Boden.

(A) Negative Rückkopplungsbereitschaft: Die Stoffflüsse verzweigen sich kontinuierlich. Sie dünnen aus, werden durch die Evapotranspiration verbraucht oder gehen als immobiles Bodenwasser in einen Langzeitspeicher ein. Die Reaktionsfläche nimmt im Verhältnis zur Durchflußmenge zu.

(B) Positive Rückkopplungsbereitschaft: Die Flüsse werden unter Selbstverstärkung kanalisiert und ins Netzwerk der Umgebung ausgeschüttet. Die Reaktionsfläche nimmt im Verhältnis zur Durchflußmenge ab.

mikrochorischen Dimension, abgeleitet werden. Interflowprozesse haben wie Grundmuster (B) einen lateralen Richtungsschwerpunkt. Die Interflowprozesse verlaufen wie bei Grundmuster (A) im Oberflächennahen Untergrund, wobei jedoch Selbstverstärkungseffekte die führende Rolle spielen. Die mikrochorische Dimension spielt bei der Entwicklung des Umsatznetzwerkes im Untersuchungsgebiet die entscheidende Schlüsselrolle.

Zwei Bedingungen müssen erfüllt sein, damit ein dreidimensionales Netzwerk in diesem Sinne generiert werden kann:

1. Schnelle laterale Flüsse müssen selbstverstärkend aus der Sickerfront abzweigen.

2. 'Fixpunkte' im Oberflächennahen Untergrund müssen vorhanden sein, auf welche die aus der topischen Dimension abgespalteten Flüsse gerichtet sind.

Diese 'Fixpunkte' stehen in engem Zusammenhang mit der Heterogenität der inneren Differenzierung des Substrates. Flächige Strukturgrenzen setzen die Leitfähigkeit der Umgebung herab, so daß Staueffekte resultieren und die Flüsse lateral abgebogen werden, bevor der entsprechend den physikalischen Kennwerten ermittelte Sättigungswert des Bodens erreicht wird.

Abb. 4 beinhaltet im wesentlichen die Arbeitshypothesen für die folgenden Ausführungen. Die Arbeitshypothesen wurden mit in ein Standortregelkreis-Modell übertragen, welches als Meßkonzept die Grundlage für die gesamte geoökologische Untersuchung bildete (KEMPEL-EGGENBERGER 1997).

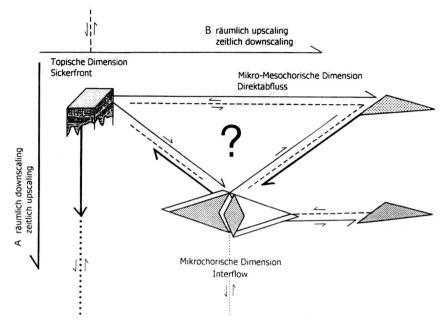

Abb. 4: Zusammenhang zwischen dem Umsatzmechanismus, den dominanten Umsatzprozessen und den involvierten räumlich-zeitlichen Dimensionen im Umsatznetzwerk.

Aus der Überlagerung der Sickerprozesse in der topischen Dimension und dem schnellen Direktabfluß in die mesochorische Dimension können die Interflowprozesse in der mikrochorischen Dimension abgeleitet werden, welche für die Reaktion des Untersuchungsgebietes eine Schlüsselrolle spielen.

4   DIE INTERPRETATION DER MESSDATEN

4.1   Die Calciumkonzentration als 'Indikator' für unterschiedliche Fließmechanismen im Oberflächennahen Untergrund

Im Mittelpunkt des Konzeptes steht die Notwendigkeit, für die für das Umsatzmuster verantwortlichen Fließmechanismen eine Meßgröße zu finden. Da bei fast allen Standorten Calcium im Substrat im Überschuß vorhanden ist, wurde die Calciumkonzentration in der Bodenlösung als Indikator gewählt. Ungleich wie bei einem Tracer, welcher als markierter künstlicher Stoff in ein System eingegeben wird, um dessen Fließweg zu verfolgen, sollen Veränderungen der Calciumwerte die hydraulischen Bedingungen im Laufe des Durchfeuchtungsprozesses anzeigen: Aus Abb. 3 geht hervor, daß der Sickerprozeß (Grundmuster A: Negative Rückkopplungen) einhergeht mit der Zunahme der Reaktionsfläche im Verhältnis zur am Umsatz beteiligten Durchflußmenge. Da Calcium im Überschuß vorhanden ist, kann angenommen werden, daß die Calciumkonzentrationen im Laufe eines Sickerprozesses ansteigen. Umgekehrt werden die Calciumkonzentrationen in der Bodenlösung im Bereich schneller Fließpfade (Grundmuster B: Positive Rückkopplungen) sinken, weil die Reaktionsfläche im Verhältnis zur Durchflußmenge abnimmt.

Das Problem bei dieser Methode ist, daß neben dem Umsatzmechanismus noch andere Faktoren die Calciumlöslichkeit mitbestimmen, wie die Bodentemperatur oder niederschlagsbedingte Säureschübe und bodeninterne Säureschübe (v.a. Nitrat). Diese drei Faktoren, welche als Kombination vor allem im Winter wirksam werden, wurden mitbestimmt und nach Möglichkeit mitberücksichtigt.

Abb. 5 stellt ein Ablaufschema dar der zu erwartenden Calciumkonzentrations-Veränderungen im Laufe zunehmender Durchfeuchtung vom Standort in der topischen Dimension bis zum Ausgang des Einzugsgebietes. Während der Anfangsphase entwickeln sich in der topischen Dimension Sickerbereiche intensiver Lösungsprozesse räumlich isoliert von benachbarten schnellen Fließpfaden abnehmender Calciumkonzentration, welche auf die Fixpunkte in der mikrochorischen Dimension gerichtet sind. Im Laufe der Durchfeuchtung erfaßt die schnelle laterale Drift über den wachsenden gesättigten Mantel immer mehr die Sickerbereiche und räumt diese aus. Diese calciumreiche Schüttung erreicht zuerst die 'Fixpunkte' in der mikrochorischen Dimension, wo intensive Lösungsprozesse stattfinden. Im Laufe der letzten hier eingezeichneten Phase erreichen die calciumreichen Flüsse den Vorfluter beim Ausgang des Einzugsgebietes.

4.2   Die Reaktion des Untersuchungsgebietes im Überblick

Abb. 6 zeigt die Meßresultate des Vorfluters beim Ausgang des Einzugsgebietes von 1986 bis 1989. Deutlich kommt die mehrheitlich konstantgehaltene Reaktion zum Ausdruck. Schwach erkennbar zeichnet sich ein sommerlicher Trend gegen einen winterlichen Trend ab: Im Sommer werden die Stoffflüsse im Boden durch die hohen Evapotranspirations-Raten zur Oberfläche hin gezogen. Intensive Gewitterschauer verstärken die Neigung zu Direktabfluß über episodisch-periodisch fließende Bäche und Wegabschlagwasser. Dadurch besteht im Sommer ein Trend abnehmender Calciumkonzentrationen bei erhöhten Durchflußraten. Umgekehrt findet im Winter in der Regel eine tiefergründige Durchfeuchtung und Beteiligung am Einzugsgebiets-Umsatz statt. Entsprechend gehen erhöhte Austräge mit erhöhten Calcium-konzentrationen aus tiefergründigen Lösungsprozessen einher.

Auffallend sind die extremen Reaktionen, welche als Schlaufen aus der Punktmasse ausbrechen. Zwei Extremst-Reaktionen sind in Abb. 6 markiert:

- Das Hochwasser im Mai 1987 und
- Die Calcium-Höchstwerte im Winter 1987/1988.

Das außergewöhnliche an diesen beiden extremen Reaktionen war, daß sie unter (scheinbar) nicht extremen Bedingungen erfolgten. Es ging im folgenden darum, herauszufinden, wie es zu solchen 'Leistungszusammenbrüchen' kommen konnte.

4.3   Stoffumsatzszenen im Laufe kontinuierlicher Austrocknung

Die Meßperiode beginnt im Sommer 1986 mit sehr hohen Temperaturen und gewittrigen Niederschlägen. Der in Abb. 6 vorgestellte Sommertrend stellt sich im Stoffumsatzgeschehen ein: Die Umsatzbereiche sind räumlich isoliert und stark an die Oberfläche gezogen. Der tiefere Oberflächennahe Untergrund ist kaum am Umsatz

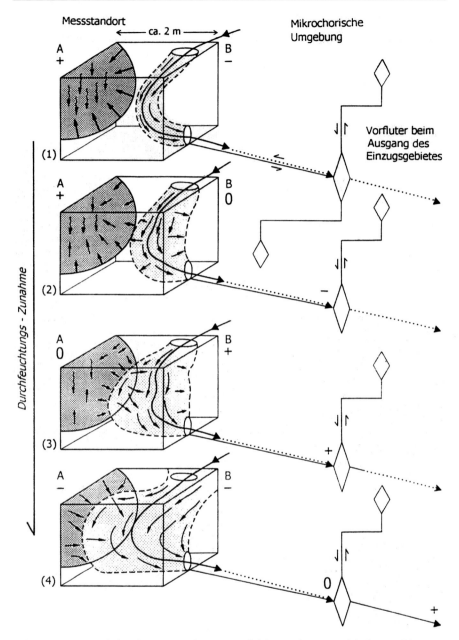

Abb. 5: Die Calciumkonzentrations-Entwicklung der verschiedenen Umsatzbereiche im Laufe zunehmender Durchfeuchtung des Oberflächennahen
Untergrund.

*Ausgangssituation: Die Umsätze verlaufen in den Sickerbereichen (A) mit steigen-
den Calciumkonzentrationen und schnellen Fließregionen (B) mit sinkenden Calciumkonzentrationen innerhalb des Meßstandortes isoliert voneinander.*

*Der gesättigte Mantel um den schnellen Fließpfad (B) wächst. Der erstarkte schnelle
Fließpfad erreicht die Strukturgrenze in der mikrochorischen Dimension, auf*

75

welche er gerichtet ist und bewirkt dort eine Verdünnung der Lösungskonzentrate.

Der gesättigte Mantel um den schnellen Fließpfad wächst in den hochkonzentrierten (A)-Kern hinein. Dieser beginnt zu 'laufen': Es findet eine Richtungs- und Mechanismusänderung der Flüsse im Randbereich des Sickerkerns statt. Die Calciumkonzentrationen in der mikrochorischen Struktur steigen an.

Die erstarkende laterale Drift räumt den ursprünglichen Sickerbereich aus. Die zunehmende Beteiligung der ehemaligen Sickerbereiche am größerräumigen Umsatz resultiert in einer Erhöhung der Calciumkonzentration im Vorfluter beim Ausgang des Einzugsgebietes.

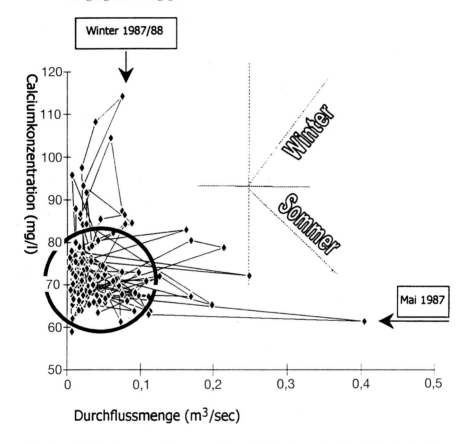

Abb. 6:   Calciumkonzentrationen und Durchflußmengen des Vorfluters beim Ausgang des Untersuchungsgebietes.

Die Masse der Meßpunkte (Kreis) zeigt das mehrheitlich konstante Verhalten des Systems an. Sommerliche Phasen zeichnen sich gegen winterliche Phasen ab. Zur Zeit der höchsten Calciumkonzentration und Durchflußrate herrschten scheinbar keine außergewöhnlichen Bedingungen. Berücksichtigt sind die Messungen von 1986 bis 1989. Das Probenahme-Intervall betrug eine Woche.

beteiligt. Der folgende Herbst ist ausgesprochen niederschlagsarm. Die tiefsten Abflußwerte der gesamten Meßperiode werden registriert. Der Wetterumschlag im späten Herbst leitet eine stürmische Westlage direkt über in eine Nordlage mit Schneefällen bis in die Niederungen. Entsprechend den sehr kalten Temperaturen hat die Schneedecke einen geringen Wasserwert und konserviert so den trocken-warmen Zustand des Bodens zu diesem Zeitpunkt.

Abb. 7 zeigt Umsatzszenen während Schneeschmelzphasen im Februar 1987. Aufgezeichnet sind die Bodenwasserschüttungen in 20-40 cm Bodentiefe (Lysimeter) beim Standort FRENEN zusammen mit dem Verlauf der Calciumkonzentrationen des Vorfluters beim Ausgang des Einzugsgebietes. Der Standort FRENEN befindet sich am oberen Abschluß des Internen Hangbereichs in einer sandigen Mulde eisenhaltiger Substrate geringer Kationenaustauschkapazität. Zum Zeitpunkt der Schüttungen waren möglicherweise Areale des zentralen Hangbereichs unterhalb dieser Sandmulde längerfristig ausgeapert und entsprechend tiefgründig gefroren. Die sauren Lysimeterschüttungen gehen parallel mit einer Absenkung der Calciumkonzentration im Vorfluter: Die Schüttungen, welche aus den calciumarmen Arealen ausgehen, werden vom Netzwerk des Internen Hangbereichs zu diesem Zeitpunkt nicht aufgefangen. Dies entspricht eindeutig nicht dem im Winter erwarteten Trend tiefgründig wachsender Beteiligung des Umsatzgeschehens.

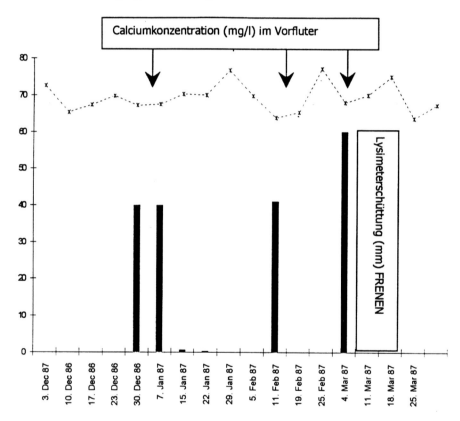

Abb. 7: Lysimeterschüttungen beim Standort FRENEN (20-40 cm Bodentiefe) und Calciumkonzentration des Vorfluters beim Ausgang des Einzugsgebietes.

Während Tauphasen im Februar 1987 gehen die Lysimeterschüttungen beim Standort FRENEN parallel zu einer Absenkung der Calciumkonzentration im Vorfluter: Die sauren Schüttungen aus dem Areal FRENEN werden zu diesem Zeitpunkt vom Netzwerk des Internen Hangbereichs nicht aufgefangen.

Während drei Jahreszeiten wurde ein Austrocknungstrend beobachtet. Es gab weder im Herbst noch im Winter eine Phase, während derer die Speicher im Boden aufgefüllt wurden bzw. sich Stoffflüsse in den tiefergründigen Bereich des Oberflächennahen Untergrunds entwickeln konnten.

Nur vor dem Hintergrund dieser fast ein Jahr dauernden permanenten 'Stilllegung' des tiefergründigen Umsatznetzwerkes in der mikrochorischen Dimension ist die extreme Hochwasser-Reaktion auf die frühsommerlichen Niederschläge im Mai 1987 zu erklären: Zum Zeitpunkt der Regenfälle, welche weder außergewöhnlich intensiv noch außergewöhnlich ergiebig waren, zeigten die Bodenfeuchtewerte in 20 cm mittlere Zustände an. Das Umsatznetzwerk im tieferen Untergrund war jedoch schon langfristig kaum initialisiert, was eine tiefergründige Sickerung zu diesem Zeitpunkt verhinderte und zu oberflächlichem Direktabfluß führte.

4.4   Stoffumsatzszenen im Laufe kontinuierlicher Durchfeuchtung

1987 war ein El Ninõ-Jahr und brachte für Mitteleuropa Jahrhundertniederschläge. Außergewöhnlich und entscheidend für den Stoffumsatz war der Monat Juli mit einer langanhaltenden Nordlage, welche für diese Jahreszeit ungewöhnlich langanhaltende Landregen bei kühlen Temperaturen mit sich brachte. Unter diesen Bedingungen konnte sich kein normaler Sommertrend des Stoffumsatzes einstellen: Der Oberflächen-nahe Untergrund wird tiefgründig durchfeuchtet, das Fließweg-Netzwerk wird bis in die mikrochorische Dimension generiert und stellenweise gesättigt. Nach Abb. 5 werden die Sickerbereiche sich ausdehnen, bis sie von den benachbarten erstarkenden Lateraldriften miterfaßt werden und am Austrag aus dem Einzugsgebiet beteiligt werden.

Abb. 8 zeigt einen kontinuierlichen Calciumanstieg in den Bodenlösungen bei fast allen Standorten: Die allseitige Durchfeuchtung wächst. Im Unterschied zum Vorjahr mit den isolierten Umsatzbereichen infolge der Austrocknungstendenz liegen die Werte der Meßstandorte relativ nahe beieinander. Ab August 1987 stellen sich Standortunterschiede ein: Innerhalb des Meßgartens SCHWANG (Interner Hang-bereich, mittlere Höhe) findet ein 'Musterwechsel' statt mit Erhöhung der Calcium-konzentrationen im schnellen Fließbereich als Zeichen zunehmender Beteiligung der benachbarten Sickerbereiche. Beim Standort FRENEN (Interner Hangbereich, Ober-hang) fallen die Calciumkonzentrationen in der Bodenlösung ab. Hier wurde mögli-cherweise der Grenzwert der Kationenaustauschkapazität erreicht. Gleichzeitig treten großräumig Vernässungen auf. Zuerst bildet sich beim Höhenbereich stehendes Wasser an der Oberfläche der anstehenden aufgeweichten Tone, dann treten im Internen Hangbereich Vernässungen in Wölbungssenken, an Hangknicken und Quellaustritte hervor: Die mikrochorischen Strukturen im tieferen Untergrund werden an der Oberfläche als Vernässungen sichtbar und wirksam. Intensive Lösungsprozesse und die Grenze des Rückhaltevermögens des Netzwerkes im Untergrund können vermutet werden.

Charakteristisch ist das stoffhaushaltliche Zusammenspiel der 'Musterwechsel' der Meßstandorte CHRATTEN auf dem steilgeneigten Abschnitt des Höhenbereichs und FROST direkt unterhalb der Steilstufe auf einem sandigen, basenverarmten Gehänge-schutt-Kegel (Abb. 9): Wenn die Calciumkonzentrationen in der Bodenlösung beim Standort CHRATTEN einbrechen, schnellen sie beim Standort FROST in die Höhe.

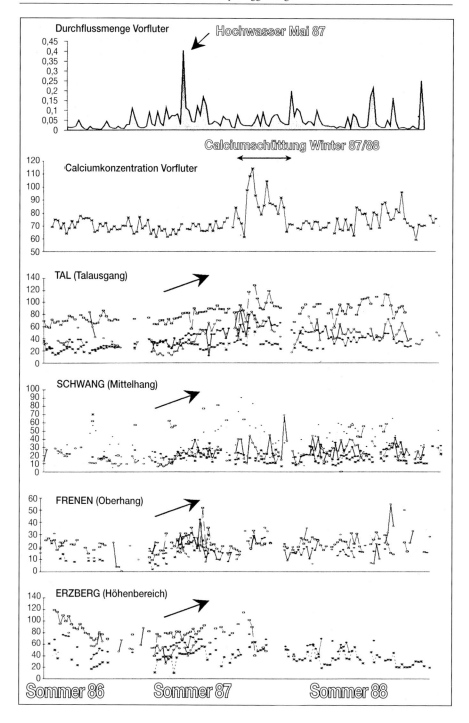

Abb. 8: Calciumkonzentrationen (mg/l) und Durchflußmengen (m³/sec) des Vorfluters beim Ausgang des Einzugsgebietes, Calciumkonzentrationen in der
Bodenlösung in 10-40 cm Bodentiefe bei den Hauptmeßstandorten.

Im Sommer 1987 steigt die Calciumkonzentration in den Bodenlösungen bei fast allen Standorten an: Entgegen dem erwarteten sommerlichen Trend wächst die allseitige Durchfeuchtung.

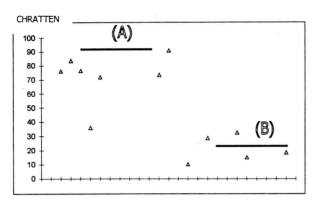

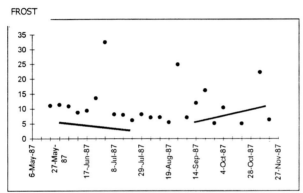

Laterales Ausfließen bei den einen Bereichen geht parallel mit lateralem Einfließen bei anderen Bereichen. Solche internen Umsätze werden beim Ausgangsvorfluter nicht registriert.

Auch der Herbst 87 ist regenreich, setzt die Durchfeuchtung fort und leitet über in einen milden, niederschlagsarmen Winter. Zu diesem Zeitpunkt schnellen die Calciumkonzentrationen im Vorfluter auf die Höchstwerte der gesamten Meßperiode (Abb. 8): Mit dem Aussetzen der Niederschläge erreichen die im Sommer 1987 vorbereiteten Interflowprozesse ohne niederschlagsbedingte Verdünnung den Ausgang des Einzugsgebietes. Diese winterliche calciumreiche Interflowschüttung, welche auf die tiefgründige Durchfeuchtung im Sommer 1987 zurückzuführen ist, konnte noch bis ins Frühjahr 1988 nachgewiesen werden (Abb. 10): Ende Februar 1988 entwickelte

Abb. 9: Musterwechsel und stoffhaushaltliches Zusammenspiel im Untersuchungsgebiet im Laufe zunehmender Durchfeuchtung im Sommer 1987.

Wenn die Flüsse lateral von der calciumreichen Umgebung des Standortes CHRATTEN (Höhenbereich) auszufließen beginnen, steigen beim basenverarmten Standort FROST (Interner Hangbereich) durch laterales Einfließen die Calciumkonzentrationen in der Bodenlösung an.

sich im Untersuchungsgbiet eine stellenweise bis 200 mm Wasserwert mächtige Schneedecke, die praktisch innerhalb einer Woche durch 100 mm Niederschlag abgeregnet wurde. Dies war das Ereignis mit dem höchsten Umsatz der gesamten Meßperiode und wurde schon vielfach beschrieben (DETTWILER 1990, KEMPEL-EGGENBERGER 1993). Trotz der Beteiligung mehrerer hundert Liter sauren Regen- und Schneewassers sank die resultierende Calciumkonzentration beim Ausgang des Einzugsgebietes nicht unter mittlere Werte: Der entscheidende Faktor mußte die calciumreiche Interflowschüttung sein, welche die Säuren der Schneedecke und Niederschläge neutralisieren konnte. Erst im Sommer 1988 konnte angenommen werden, daß sich das Umsatz-Netzwerk im Oberflächennahen Untergrund 'erholt' bzw. normalisiert hatte.

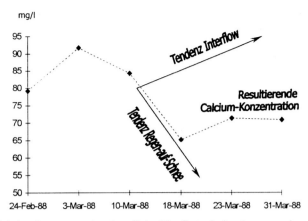

Abb. 10: Resultierende Calciumkonzentration (mg/l) im Vorfluter beim Ausgang des Einzugsgebietes während eines Grossereignisses im März 1988.

Entscheidender Faktor waren die im Sommer 87 eingeleiteten tiefgründigen Lösungs-prozesse, wodurch eine calciumangereicherte Interflowschüttung resultiert, welche die Säuren der Schneedecke und der Niederschläge weitgehend neutralisiert

5 DISKUSSION UND AUSBLICK

In Abb. 1 wurde das Einzugsgebiet als dreidimensionales Umsatznetzwerk von Stoff-flüssen zwischen Standort und Gebietsaustrag beschrieben. Der Komplexitätsgrad dieses Umsatzmusters sollte die Leistung des Einzugsgebietes bestimmen: Ein dichtes Muster von Richtungs- bzw. Mechanismusänderungen der Flüsse auf kleinstem Raum und die Entwicklung selbstorganisierter Zellen mit ausgeprägter vertikaler Komponente würden die Austräge bei räumlich-zeitlich variablen Einträgen konstant halten.

Diese mehrheitliche Konstanz in der Abflußreaktion wurde im Untersuchungsgebiet nachgewiesen (Abb. 6). Offensichtlich besteht jedoch auch eine deutliche Neigung zu extremen Reaktionen bei scheinbar unauffälligen Randbedingungen. Die vorgestell-ten extremen Schüttungen waren nur als Überlagerungseffekt des aktuellen Witterungsgeschehens an der Oberfläche mit einer langfristigen und tiefgründig beteiligten 'Vorbereitung' erklärbar. In beiden Fällen kontrollierten die mikrochorischen Umsatz-'Fixpunkte' im Oberflächennahen Untergrund das Prozeßgeschehen des Einzugsgebietes - unabhängig vom aktuellen Prozeßgeschehen an der Oberfläche.

Dieser räumlich-zeitliche Überlagerungseffekt bzw. das längerfristige Nachwirken von Umsatzmustern vergangener Ereignisabläufe ist aus den vorhandenen Daten weder berechenbar noch prognostizierbar. Und doch sind möglicherweise gerade die hochkomplexen, konstantgehaltenen Systeme anfällig gegenüber solchen Effekten, welche kurzfristig die Reaktion des Einzugsgebietes empfindlich bestimmen können.

Damit solche raumzeitlichen Überlagerungsphänomene abschätzbar werden, müßten zwei Bedingungen erfüllt sein:

• Es braucht längere Zeitreihen von Felddaten.

• Die 'Fixpunkte' außerhalb der topischen Meßstandorte in der mikrochorischen Dimen-sion müssen mitberücksichtigt werden. Dabei müßten neue Meßtechniken im Bereich Stoffflüsse im Oberflächennahen Untergrund entwickelt und eingesetzt werden.

81

LITERATUR

DETTWILER, K. (1990): Die Schneedecke als Wasser- und Stoffspeicher im Geoökosystem. Entwicklung und Anwendung einer Methodik im Einzugsgebiet HFJ (Hoher Faltenjura, Raum Passwang) zur Erfassung der Ein- und Austräge (Winter 1987/1988). – Lizentiatsarbeit am Geographischen Institut der Universität, Basel, 87 S.

EGGENBERGER, C. (1986): Meso- und Mikroklima eines Einzugsgebietes im Faltenjura. – Regio Basiliensis, XXVII. Jg., H. **3**, 211-220

GEYER, U. (1991): Bodenformen und Pflanzengesellschaften als Bestimmungsgrößen geoökologischer Raumeinheiten des Passwang-Gebiets (Hoher Faltenjura Kt. SO). – Diplomarbeit, Geographisches Institut Universität Basel, 126 S.

GLASSTETTER, M. (1991): Die Bodenfauna und ihre Beziehungen zum Nährstoffhaushalt in Geosystemen des Tafel- und Faltenjura. – Basler Beiträge zur Physiogeographie, Physiogeographica **15**, Basel, 224 S.

KEMPEL-EGGENBERGER, C. (1992): Modellierung der Stoffumsätze im Kettenjura. Qualifizierungsprobleme. – Regio Basiliensis **33**, H. **2**, 129-136

KEMPEL-EGGENBERGER, C.(1993): Risse in der Geoökologischen Realität. Chaos und Ordnung in geoökologischen Systemen. – Erdkunde Band **47**, H. **1**, 1-11

LESER, H. (1991): Landschaftsökologie. – UTB Stuttgart, 647 S.

MOSIMANN, T. (1984): Landschaftsökologische Komplexanalyse. – Stuttgart, 115 S.

REBER, I. (1992): Bestandsniederschlag und Stoffeintrag in Waldökosystemen des Hohen Faltenjuras. – Diplomarbeit, Basel, 74 S.

REBER, S. (1988): Methoden zur Erfassung des Winterniederschlags und der Schneedeckenparameter sowie deren Anwendung und Aussagemöglichkeiten innerhalb von geoökologischen Arbeiten am Beispiel des Einzugsgebietes HFJ (Hoher Faltenjura, Raum Passwang) im Winter 1986/87. – Lizentiatsarbeit am Geographischen Institut der Universität, Basel, 163 S.

SCHERRER, S. (1990): Wasserhaushaltsgrößen Niederschlag und Abfluß, Abflußbildung und Stoffaustrag eines Einzugsgebietes im Solothurner Faltenjura (Hoher Faltenjura) mit besonderer Berücksichtigung der Vorfluter-Chemodynamik und der extremen Abflußsituationen. – Diplomarbeit GIB, 165 S.

GIS-GESTEUERTE, INTERDISZIPLINÄRE ZUSAMMEN-ARBEIT BEI DER BESTANDSERFASSUNG UND AUS-WIRKUNGSPROGNOSE ZU DYNAMISCHEN POTENTIAL-VERÄNDERUNGEN IM LANDSCHAFTSHAUSHALT

- AM BEISPIEL OBERTÄGIGER AUSWIRKUNGEN DES STEIN-KOHLENBERGBAUS -

1   EINLEITUNG

Planerische Vorhaben müssen sich zunehmend mit allmählichen, dynamischen Landschaftsveränderungen befassen. Die Prognose damit einhergehender Veränderungen von Standortpotentialen benötigt ein Instrumentarium, das über den Untersuchungsrahmen zu konkreten Flächeninanspruchnahmen hinausgeht.

Am Beispiel einer Umweltverträglichkeitsstudie (UVS) über die obertägigen Auswirkungen eines Abbauvorhabens des Steinkohlenbergbaus wurde deutlich, daß die Beurteilung derartiger dynamischer Veränderungen eine Prognose der sich senkungsbedingt entwickelnden künftigen Biotoptypen erfordert. Da die Entwicklung der Biotoptypen eng mit den sich senkungsbedingt ändernden edaphischen Standortfaktoren verknüpft ist, sollte die Biotoptypenprognose eine Prognose dieser Standortfaktoren einbeziehen.

Die von Dahmen entwickelte Methode der Ökoschlüssel (DAHMEN, DAHMEN u. HEISS 1976) bietet die Möglichkeit einer über Boden und Pflanzendecke integrierenden Standortansprache. Darauf aufbauend wurde vom Institut für Landschaftsentwicklung und Stadtplanung (ILS Essen) in enger Zusammenarbeit mit Professor Dr. Dahmen die integrative Sukzessionsprognose entwickelt, die der wechselseitigen Beeinflussung von Boden und Bewuchs Rechnung trägt. Diese Methode ist nunmehr auf alle Fragestellungen anwendbar, bei denen es um die Untersuchung von Veränderungen des Standortpotentials geht, die primär auf Boden und Pflanzendecke wirken.

Im Falle der Prognose von Senkungsauswirkungen sind neben den edaphischen Standortfaktoren die aktuellen bzw. potentiellen Grundwasserstände von großer Bedeutung, da sich die Senkungsauswirkungen primär in Änderungen der Grundwasserstände äußern. Ausgehend von einer Senkungsprognose des Bergbaus sind detaillierte Grundwasserbetrachtungen (z.B. durch Grundwasser-Modelle) erforderlich, die in erster Linie die künftigen Grundwasserflurabstände prognostizieren.

Die Betroffenheit von Fließgewässern und ihren Auen wird durch Vorflutmodelle untersucht. Darüber hinaus sind Daten zum Grundwasserchemismus und ein eventueller Wasserzug im Boden von erheblicher ökologischer Bedeutung und gegebenenfalls mit zu berücksichtigen.

2   BESTANDSERFASSUNG

Die Arbeitsweise der Bestandserfassung ist in Abbildung 1 schematisch dargestellt.

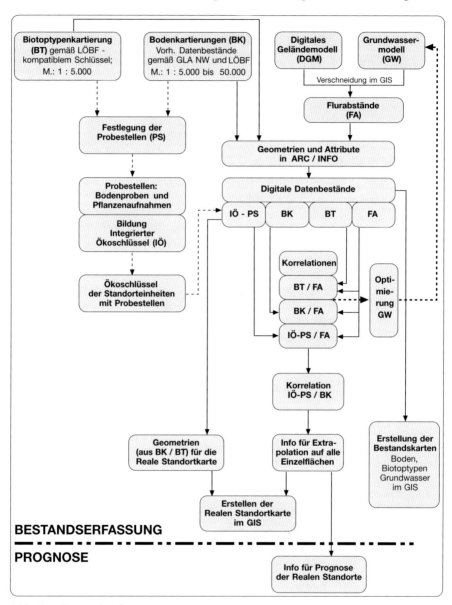

Abb. 1:   Bestandserfassung.

2.1 Boden

Im Hinblick auf Grundwasserstandsänderungen ist der Boden mit seinen physikalisch-chemischen und biologischen Qualitäten die zentrale Einwirkungsgröße, von der fast alle weiteren Auswirkungen auf die Naturhaushaltskomponenten, insbesondere die Vegetation, ausgehen.

Die forstlichen und landwirtschaftlichen Standortkartierungen der LÖBF (Landesanstalt für Ökologie, Bodenordnung und Forsten / Landesamt für Agrarordnung Nordrhein-Westfalen), des GLA NW (Geologisches Landesamt Nordrhein-Westfalen) bzw. der Landwirtschaftskammern im Maßstab 1 : 5 000 liefern die Grundlage für die Abgrenzung der Bodeneinheiten. Mit Hilfe dieser Karten (Karte 1) wird unter Berücksichtigung der Biotoptypenkartierung ein Netz von Probestellen festgelegt, welches das Spektrum der vorkommenden Bodeneinheiten repräsentiert.

An jeder Probestelle wird ein Bohrstockprofil von 1,0 bis 1,5 m Tiefe gezogen. Die beschreibende und messende Erfassung des Bodenprofils erfolgt differenziert nach Oberboden, Unterboden und Untergrund und berücksichtigt somit die Unterschiede in der Horizontfolge.

Die Meßwerte erlauben - im Vergleich zur visuellen Ansprache (z.B. Farbe) - eine wesentlich genauere Beurteilung der einzelnen Bodenhorizonte. Die Messungen erfassen die pflanzenökologisch bedeutenden Standortfaktoren Bodenfeuchte, Säurestufe, Sauerstoffversorgung im Wurzelbereich und Nährstoffe. Die Werte werden für jeden der 4 Faktoren einzeln in 5-7stufige Skalen eingeordnet. Die einer Telephonnummer ähnelnde Kombination der so ermittelten Wertstufen der Standortfaktoren wird als Ökoschlüssel des Bodens bezeichnet. Er charakterisiert die momentane Standortsituation des Bodens (DAHMEN 1996).

2.2 Vegetation

Für das gesamte Untersuchungsgebiet wird eine Biotoptypenkartierung gemäß dem Kartierschlüssel der LÖBF im Maßstab 1 : 5 000 durchgeführt. Die Kartiereinheiten im Wald werden durch Attribute zum Alter, zur Feuchtestufe und zur Naturnähe der Bestände ergänzt.

Eine Ausscheidung pflanzensoziologisch definierter Pflanzengesellschaften ist nicht immer erforderlich, da die Standortansprache bei dieser Methode nicht von den Standortansprüchen der Vegetationseinheiten, sondern von denen der einzelnen Pflanzenarten ausgeht. Außerdem ist eine konkrete Angabe pflanzensoziologischer Einheiten nicht an allen Probestellen möglich, da vielfach Pflanzenbestände aufgenommen werden müssen, die keiner Pflanzengesellschaft eindeutig zugeordnet werden können.

In der Karte "Biotoptypenbestand" wird der aktuelle Zustand der Pflanzendecke auf der Ebene der kartierten Biotoptypen dargestellt (Karte 2).

An den Probestellen der Bodenerfassung werden Pflanzenaufnahmen in Anlehnung an die Braun-Blanquet-Methode erstellt. Hierbei hat das Fehlen einzelner Arten (z.B. Frühjahrsblüher im Sommer oder zur Zeit nicht blühende und schwer bestimmbare Arten) keinen nennenswerten Einfluß auf die Standortansprache. Dies gestattet die Auswertung von Pflanzenaufnahmen aus der gesamten Vegetationsperiode, so daß einmalige Aufnahmen für diesen Zweck genügen.

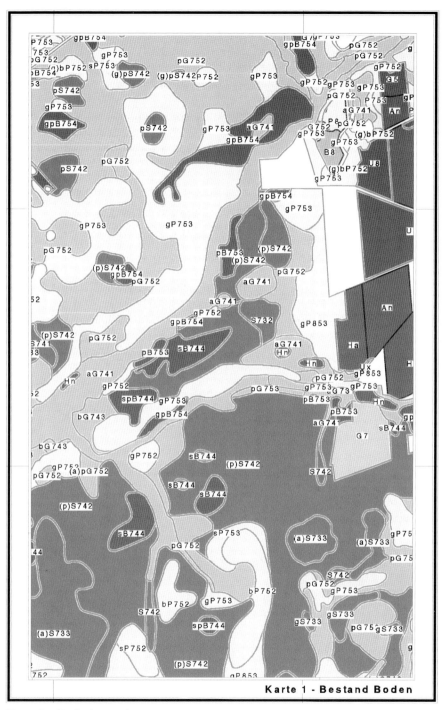

Karte 1:   Bodenbestand.

ZEICHENERKLÄRUNG

Bodenkartierung für die forst. Standorterkundung Geol. Landesamt NRW

Baunerden

gpB754, Vergleyte Podsol-Braunerde aus Feinbodengruppe 7, sehr basenreich, Entwicklungstiefe: sehr groß

aB744, Pseudogley-Braunerde aus Feinbodengruppe 7, basenreich, Entwicklungstiefe: sehr groß

pB753, Podsol-Braunerde aus Feinbodengruppe 7, sehr basenreich, Entwicklungstiefe: groß

spB744, Pseudovergleyte Podsol-Braunerde aus Feinbodengruppe 7, basenreich, Entwicklungstiefe: sehr groß

Podsole

P753, Podsol aus Feinbodengruppe 7, sehr basenreich, Podsolierungstiefe: groß

bP752, Braunerde-Podsol aus Feinbodengruppe 7, Podsolierungstiefe: mittel

aP752, Pseudogley-Podsol aus Feinbodengruppe 7, sehr basenreich, Podsolierungstiefe: mittel

gP753, Gley-Podsol aus Feinbodengruppe 7, sehr basenreich, Podsolierungstiefe: groß

(g)bP752, Braunerde-Podsol und vergleyter Braunerde-Podsol aus Feinbodengruppe 7, sehr basenreich, Podsolierungstiefe: mittel

gP853, Gley-Podsol aus Sand, sehr basenreich, Podsolierungstiefe: groß

gP752, Gley-Podsol (mittlerer) aus Feinbodengruppe 7, sehr basenreich, Podsolierungstiefe: mittel

aP753, Pseudogley-Podsol aus Feinbodengruppe 7, sehr basenreich, Podsolierungstiefe: groß

Pseudogleye

bS741, Braunerde-Pseudogley aus Feinbodengruppe 7, basenreich, Stärke der Staunässe: schwach bis mäßig

gS733, Gley-Pseudogley aus Feinbodengruppe 7, mäßig basenreich, Stärke der Staunässe: stark

(p)S742, Podsol-Pseudogley aus Feinbodengruppe 7, mäßig basenreich, Stärke der Staunässe: mäßig

S732, Pseudogley aus Feinbodengruppe 7, mäßig basenreich, Stärke der Staunässe: mäßig

(a)S733, Anmoor-Pseudogley aus Feinbodengruppe 7, mäßig basenreich, Stärke der Staunässe: mäßig

(g)pS742, Podsol-Pseudogley und vergleyter Podsol-Pseudogley aus Feinbodengruppe 7, basenreich, Stärke der Staunässe: mäßig

pS742, Podsol-Pseudogley, basenreich, Stärke der Staunässe: mäßig

S742 Pseudogley aus Feinbodengruppe 7, basenreich, Stärke der Staunässe: mäßig

Gleye (Grundwasserböden)

pG752, Podsol-Gley aus Feinbodengruppe 7, sehr basenreich, Grundwasserstand: 4-8 dm u. GOF

pG753, Podsol-Gley aus Feinbodengruppe 7, sehr basenreich, Grundwasserstand: 8-13 dm u. GOF

(a)pG752, Podsol-Gely, stellenweise anmoorig aus Feinbodengruppe 7, sehr basenreich, Grundwzstand: 4-8 dm u. GOF

G742, Gley aus Feinbodengruppe 7, basenreich, Grundwasserstand: 4-8 dm u. GOF

G752, Gley aus Feinbodengruppe 7, sehr basenreich, Grundwasserstand: 4-8 dm u. GOF

bG743, Braunerde-Gley aus Feinbodengruppe 7, basenreich, Grundwasserstand: 8-13 dm u. GOF

aG741, Anmoorgley, Naßgley und Moorgley aus Feinbodengruppe 7, basenreich, Grundwasserstand: 0-4 dm u. GOF

aG731, Anmoorgley, Naßgley und Moorgley aus Feinbodengruppe 7, mäßig basenreich, Grundwasserstand: 0-4 dm u. GOF

Moore (Organische Naßböden)

Hn, Niedermoor

Anthropogene Böden - Künstlich vreänderte Böden

Uy, Künstlich veränderte Flächen aus Materialien unterschiedl. Herkunft, z.T. geringmächtig überdeckt oder vermengt mit meist Bodenmaterial der Feinbodengruppe 7

Ux, Künstlich veränderte Flächen aus natürlichem, Bodenmaterial, Absandungen, Auskiesungen (z.T. verfüllt) und Aufschüttungen

U8, Künstlich veränderte Böden aus Sand

Bodenkartierung der Landwirtschaftskammer Rheinland

Braunerden

B7, Braunerde, stellenweise Gley-Braunerde

B8, Braunerde, stellenweise Gley-Braunerde

Podsole

P8, Podsol

Gleye

G5, Gley, stellenweise Pseudogley-Gley

G7, Gley

G8, Gley, vielfach Podsol-Gley

Anthropogene Böden

An, Anthropogen veränderte Böden z.B. mit Abraummaterial etc.

Ha, Halden Kiesgruben

Planung und Bearbeitung:

INSTITUT FÜR LANDSCHAFTSENTWICKLUNG UND STADTPLANUNG
Dipl. Ing. Thomas A. Winter
Hankenstraße 232   45133 Essen-Bredeney
Tel. 0201/42 35 14   Fax 0201/41 26 03

EDV-Bearbeitung:
ISDIG - DIG, GIS-Bearbeitung
Gleiwitzer Platz 8, 46236 Bottrop

Karte 1
Bestand
Boden

Maßstab i.O.: 1 : 10.000

0   1000 m

Legende zu Karte 1: Bodenbestand

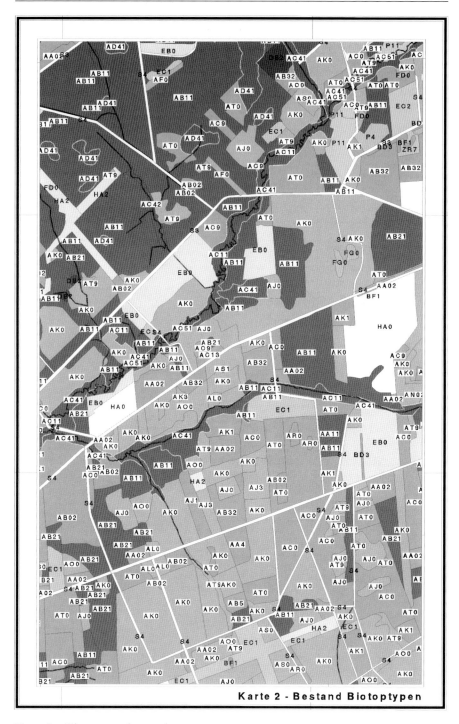

Karte 2 - Bestand Biotoptypen

Karte 2: Biotoptypenbestand.

ZEICHENERKLÄRUNG

Naturnahe laubwälder trockener bis frischer Standorte

AB21, Naturnaher Birken-Eichenwald

AB11, Naturnaher Buchen-Eichenwald

AA11, Naturnaher Eichen-Buchenwald

Naturnahe Bachauen- und Bachwälder

AC11, Feuchter Erlenmischwald mit einheimischen Laubhölzern

AD41, Birken-Bruchwald

AC51, Bachbegleitender Erlenwald

AC41, Erlen-Bruchwald

Durch Entwässerung degenerierte Bachauen- und Bachwälder

AC42, Degenerierter Erlen-Bruchwald

Laubforste gebietstypischer Arten

AA02, Forstlich geprägter Buchenwald

AD02, Forstlich geprägter Birkenwald

AT0, Schlagflur / Lichtung

AR0, Forstlich geprägter Ahornwald

AK1, Forstlich geprägter Kiefernmischwald mit einheimischen Laubhölzern

AJ1, Forstlich geprägter Fichtenmischwald mit einheimischen Laubhölzern

AC9, Forstlich geprägter Grauerlenwald

AB32, Forstlich geprägter Eichenmischwald mit Edellaubhölzern

AC0, Forstlich geprägter (Schwarz-) Erlenwald

AB5, Forstlich geprägter Eichenmischwald mit Nadelhölzern

AC13, Forstlich geprägter Erlenmischwald mit einheimischen Laubhölzern

AB02, Forstlich geprägter Eichenwald

AA4, Forstlich geprägter Buchenmischwald mit Nadelhölzern

Nadelforste und Laubforste gebietsfremder Arten

A00, Forstlich geprägter Roteichenwald

AT9, Adlerfarnbestand

AS1, Forstlich geprägter Lärchenmischwald

AS0, Forstlich geprägter Lärchenwald

AN02, Forstlich geprägter Robinienwald

AJ3, Forstlich geprägter Fichtenmischwald mit Nadelhölzern

AJ0, Forstlich geprägter Fichtenwald

AF0, Forstlich geprägter Pappelwald

AL0, Forstlich geprägter Wald aus seltenen Nadelbaumarten

AK3, Forstlich geprägter Kiefernmischwald mit Nadelhölzern

AK0, Forstlich geprägter Kiefernwald

Flächige Gehölze und Einzelbäume ohne Baumholz

BB2, Vorwaldgebüsch (Gehölzbrache)

Linienhafte Gehölze ohne Baumholz

BF1, Baumreihe

BD3, Gehölzstreifen

BD2, Ebenerdige Hecke

Feuchtheiden

DB2, Pfeifengras- Feuchtheide

Grünland

EB0, Fettweide

EA0, Artenarme Fettwiese

Feuchtgrünland

EC2, Naß- und Feuchtweide

Naß- und Feuchtwiese (einschl. im Wirtschaftsgrünland liegender Pfeifengraswiesen)

Anthropogene Stillgewässer

FG0, Abgrabungsgewässer

FD0, Stehendes Kleingewässer

Lockergesteinsabgrabungen

GD1, Sandabgrabung

Ackerflächen

HA0, Acker

HA2, Wildacker

Ruderalfluren

ZR7, Sonstige ausdauernde Ruderalflur

ZH1, Feuchte Hochstaudenflur standorttypischer Arten

Parkflächen und gering versiegelte Sport- und Erhlounsanlagen

P11, Sport- und Erholungsanlagen mit geringem bis mäßigem VSG sowie keinen oder ausschließlich jungen Gehölzstrukturen

Stark versiegelte Sport- und Erhlounsanlagen

P4, Stärker/ stark versiegelte Sport- u. Erholungsanlage mit Gebäudeflächenanteilen (inkl. Sporthallen), mit geri meist intensiv gepflegtem Grünflächenanteil

Planung und Bearbeitung:

INSTITUT FÜR LANDSCHAFTSENTWICKLUNG UND STADTPLANUNG
Dipl. Ing. Thomas A. Winter
Harkortstraße 332 · 45033 Essen (Bredeney)
Tel. 0201/ 42 15 14 · Fax 0201 / 41 26 03

EDV-Bearbeitung:
ISIDG - DIG, GIS-Bearbeitung
Gleiwitzer Platz 3, 46236 Bottrop

Karte 2
Bestand
Biotope

Maßstab i.O.: 1 : 10.000

0   1000 m

Legende zu Karte 2: Biotoptypenbestand.

89

Aus den der elektronischen Datenbank Terra Botanica (DAHMEN u. DAHMEN 1994) zu entnehmenden Standortansprüchen der einzelnen Arten an die Faktoren Bodenfeuchte, Säurestufe, Sauerstoff- und Nährstoffversorgung, die ebenfalls in 5-7stufigen Skalen dargestellt werden, wird durch Schnittmengenbildung der Ökoschlüssel der heutigen Pflanzendecke bestimmt (DAHMEN 1996).

2.3 Verknüpfung von Boden und Vegetation

Während der Ökoschlüssel des Bodens räumlich und zeitlich einen stichprobenartigen Charakter aufweist, stellt der Ökoschlüssel der Pflanzendecke einen über einen längeren Zeitraum und eine größere Fläche integrierenden Wert dar. Erst die Verknüpfung der getrennt vorgenommenen standörtlichen Interpretationen von Boden und Pflanzendecke ergibt eine breit fundierte Standortansprache.

Hierzu wird der Ökoschlüssel der Pflanzendecke mit dem des Bodens verglichen. Dies trägt den kausalen Wechselwirkungen zwischen Boden und Vegetation als Teile einer standörtlichen Einheit Rechnung. Der durch flächenspezifischen Abgleich der beiden Teilökoschlüssel gebildete integrierte Ökoschlüssel des Standorts ist die Ausgangsgröße für eine Sukzessionsprognose, die den Wechselwirkungen zwischen mehreren sich ändernden ökologischen Faktoren gerecht werden muß.

2.4 Grundwasser

Unter Berücksichtigung der hydrogeologischen und geomorphologischen Gegebenheiten, die den gebietsspezifisch vorhandenen geologischen und hydrogeologischen Karten zu entnehmen sind, wird ein umfangreiches Netz von Grundwassermeßstellen eingerichtet. In absehbar sensiblen Bereichen, wie beispielsweise Naturschutzgebieten, wird die Meßstellendichte erhöht.

An den Meßstellen werden bei ihrer Einrichtung die Durchlässigkeiten (kf-Werte) und etwa monatlich die Grundwasserstände gemessen. Neben der Durchlässigkeit, die als Stellgröße für die Kalibrierung des Grundwassermodells anzusehen ist, ist die Grundwasserneubildungsrate eine wesentliche Eingangsgröße für das Modell.

Mit Hilfe des Grundwassermodells (im vorliegenden Beispiel SICK 100; RÜBER 1997) werden flächendeckende Datenbestände der Grundwassergleichen, Grundwasserflurabstände, -strömungsrichtungen und -strömungsgeschwindigkeiten ermittelt.

2.5 Aufbereitung, Darstellung und Korrelierung der Datenbestände im GIS

Basierend auf der gerasterten Deutschen Grundkarte im Maßstab 1 : 5 000 (DGK 5) werden die Geometrien und Attribute der amtlichen Bodenkarten und der Biotoptypenkartierung im GIS erfaßt und die Bestandskarten des Bodens und der Biotoptypen erstellt. Die räumliche Auflösungsgenauigkeit der Grundwasserflurabstände wird durch Verknüpfung mit einem photogrammetrisch erstellten digitalen Geländemodell (DGM) im GIS optimiert. Das DGM besteht aus einem 50 m-Punktraster und einer verdichtenden Bruchkantenaufnahme (z.B. Gewässersohlen und -böschungen).

Eine weitere Optimierung des Grundwassermodells kann durch Überlagerung der Karte der Grundwasserflurabstände mit den Boden- bzw. Biotoptypen erreicht werden, weil diese beiden Datenbestände über die ökologische Feuchtestufe flächendeckende, nicht extrapolierte Informationen enthalten. So deuten viele Boden- und Biotoptypen auf Grundwasserflurabstände hin, die größer als 1,0 oder 1,5 m sind. Entspricht dies für bestimmte Flächen nicht dem Grundwassermodell, so ist zu klären, ob es sich um Ungenauigkeiten des Modells oder um in den Flächen tatsächlich vorhandene, aktuelle Störungen handelt.

Der Umkehrschluß, daß nässegeprägte Boden- und Biotoptypen zwangsläufig geringe Grundwasserflurabstände erfordern, gilt nicht uneingeschränkt. Hierfür muß sichergestellt sein, daß der Nässeeinfluß im Boden- bzw. Biotoptyp tatsächlich durch Grundwasser, und nicht beispielsweise durch Stauwasser verursacht wird.

Allerdings muß sich ein oberflächennaher Grundwasserstand im Boden- und Biotoptyp erkennen lassen, sofern es sich nicht um einen in jüngster Vergangenheit erfolgten Grundwasseranstieg handelt. Auch für diesen Fall liefert also der Flächenvergleich zwischen Flurabstands-, Boden- und Biotoptypenkarte Hinweise auf Modellungenauigkeiten oder bei der Bestandserfassung zunächst übersehene Störungen.

Nach der Modelloptimierung können die Bestandskarten des Grundwassers erstellt werden. Dabei ist die Karte der Grundwasserflurabstände für die weitere Bearbeitung von unmittelbarer Bedeutung (Karte 3).

Mit dem GIS werden optimierte Flurabstände mit den Bodeneinheiten, für die integrierte Ökoschlüssel ermittelt wurden, räumlich verschnitten. Die statistische Auswertung dieser Daten ergibt Korrelationen zwischen Flurabständen, Bodeneinheiten und Ökoschlüsseln.

Mit Hilfe dieser Korrelationen, insbesondere zwischen Bodeneinheiten und Ökoschlüsseln, werden die Ökoschlüssel auf alle Einzelflächen des Untersuchungsgebietes extrapoliert. Die Geometrien der durch die Ökoschlüssel charakterisierten Standorteinheiten stammen zum größten Teil aus der Bodenkarte. Zum Teil fließen jedoch zusätzlich Grenzen der heutigen Realnutzung ein, an denen sich der Ökoschlüssel ändert. Die resultierende Karte wird daher als „Reale Standortkarte" bezeichnet (Karte 4) und stellt die Ausgangsbasis der Auswirkungsprognose dar.

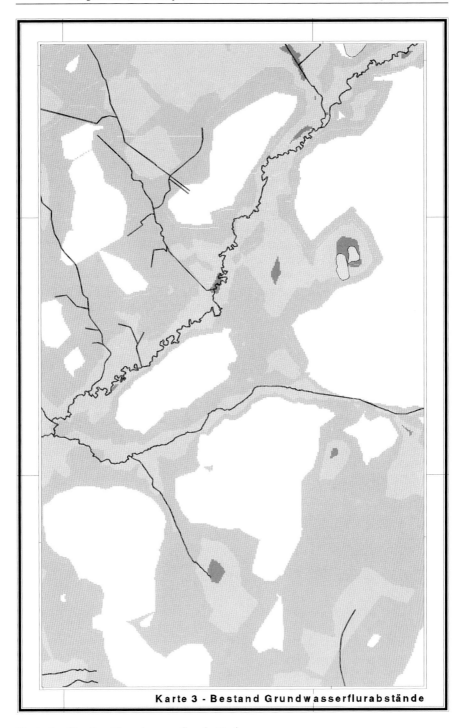

Karte 3 - Bestand Grundwasserflurabstände

Karte 3:   Heutige Grundwasserflurabstände.

ZEICHENERKLÄRUNG

Grundwasserflurabstände

■ < 0 m

▦ 0 - 1 m

▦ 1 - 2 m

▢ > 2 m

Sonstiges

∧ Fließgewässer

▱ Stillgewässer

Datenherkunft der Grundwasserflurabstände:

GKW Ingenieurgesellschaft m.b.H.
Marktstr. 77
44801 Bochum

Planung und Bearbeitung:

INSTITUT FÜR LANDSCHAFTSENTWICKLUNG
UND STADTPLANUNG
Dipl. Ing. Thomas A. Winter
Hankenstraße 332 · 48303 Essen (Bredeney)
Tel. 0201 / 423514 · Fax 0201 / 412603

EDV-Bearbeitung:
DIG - DIG, GIS-Bearbeitung
Gleiwitzer Platz 3, 46236 Bottrop

Karte 3
Bestand
Grundwasserflurabstände

Maßstab i.O.: 1 : 10.000

0   1000 m

Legende zu Karte 3: Heutige Grundwasserflurabstände.

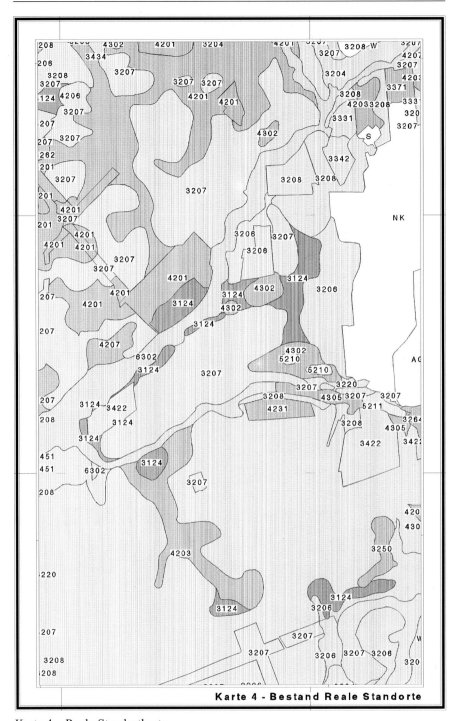

Karte 4:   Reale Standortkarte.

ZEICHENERKLÄRUNG

ökologische Kennziffer für

ILS-Code	Boden-feuchte	pH-Wert	O$_2$-Versorgung	Nährstoff-versorgung	
	1 = nass 7 = trocken	1 = sauer 7 = basisch	1 = gering 7 = hoch	1 = gering 7 = hoch	s = stellenweise
5210	5	2/3	3/2	3s2	
4256	4s5	2s3	3	3	
5211	5	2/3	3	3s2	
6302	6	3	3	4/3	
3124	3	1/2	3	3s2	
3371	3/4	3/4	3	3	
4207	4	2s3	3	3	
4206	4	2s3	3	2	
3451	3/4	4	3	4s3	
4201	4	2	3	2	
4203	4	2	3	3	
3250	3s4	2	3	3/2	
4302	4	3	3/2	3	
4305	4	3	3	3	
4231	4v3	2/3	3	3	
3264	3/4	2	3	3	
3262	3/4	2	3	3/2	
3208	3	2	3	3	
3220	3	2s3	3	3	
3207	3	2	3	3/2	
3204	3	2	3	2	
3206	3	2	3	3s2	
3234	3	2/3	3	4/3	
3422	3	4	3	4s3	
3434	3	4	3	3	
3342	3	3/4	3	4/3	
3306	3	3	3	4s3	
3331	3	3s4	3	4/3	
S	Siedlungsflächen				
W	Offene Wasserflächen				
AG	Abgrabungsflächen				
NK	nicht kartiert				

Säure / Wasser	1	2	3	4	5	6
2						
3						
4						
5						
6						
7						

Planung und Bearbeitung:

INSTITUT FÜR LANDSCHAFTSENTWICKLUNG UND STADTPLANUNG
Dipl.Ing. Thomas A. Winker
Hansenstraße 332 · 45133 Essen (Bredeney)
Tel. 0201/423514 · Fax 0201/412603

EDV-Bearbeitung:
DIG - DIG, GIS-Bearbeitung
Gleiwitzer Platz 8, 46236 Bottrop

Karte 4
Bestand
Reale Standorte

Maßstab i.O.: 1 : 10.000

0   1000 m

Legende zu Karte 4: Reale Standortkarte.

95

3 AUSWIRKUNGSPROGNOSE

Die Arbeitsweise der Auswirkungsprognose ist in Abbildung 2 schematisch dargestellt.

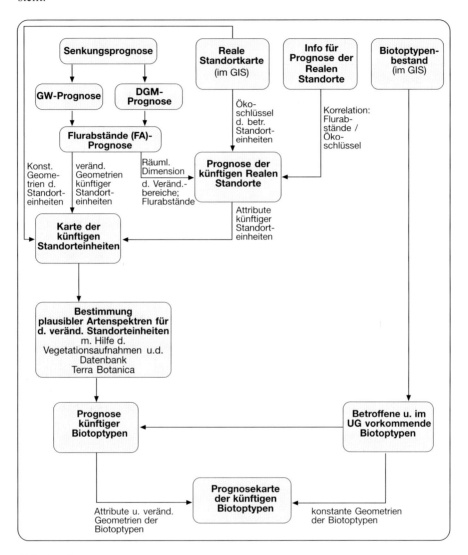

Abb. 2: Prognose.

3.1   Boden

Prognose der künftigen integrierten Ökoschlüssel

Im Falle bergbaubedingter Auswirkungen wird vom Bergwerk eine auf der Abbauplanung basierende Senkungsprognose durchgeführt. Dieser Prognose entsprechend werden das digitale Geländemodell, das Grundwasser- und das Vorflutmodell modifiziert. Maßgeblich für die anschließenden Arbeitsschritte ist die Prognose der künftigen Grundwasserflurabstände (Karte 5).

Die ökologisch relevanten Veränderungsbereiche werden mit Hilfe des Grundwasser- und des Vorflutmodells unter Berücksichtigung der Empfindlichkeit des betroffenen Boden- und Biotoptypenbestandes ermittelt.

Aus dem Ausmaß des Grundwasseranstieges bzw. der Grundwasserabsenkung ist zu schließen, inwieweit sich die Stufe der Bodenfeuchte, die in der ersten Ziffer der Ökoschlüssel angegeben ist, verändern wird. Dabei besteht eine erhebliche Variationsbreite in Abhängigkeit von Bodentyp und Bodenart, so daß dieser Arbeitsschritt eine bodenkundlich fachliche Interpretation erfordert.

Die Veränderung der Bodenfeuchte wirkt unter Umständen modifizierend auf die übrigen Standortfaktoren des Bodens, die sich somit ebenfalls verändern. Da auch diese Modifizierungen je nach Bodentyp und Bodenart sehr unterschiedlich verlaufen können, ist für diesen Prognoseschritt ebenfalls ein hohes Maß an bodenkundlich fachlicher Interpretation erforderlich. Für diese Interpretation sind die in der Bestandserfassung festgestellten Korrelationen zwischen Grundwasserflurabständen und Ökoschlüsseln von großer Bedeutung.

Es ist damit zu rechnen, daß sich für eine Bodeneinheit mehrere Prognosevarianten ähnlicher Eintrittswahrscheinlichkeit ergeben können. In diesem Fall liegt für die Ansprache der künftigen Standortfaktoren eine Gruppe möglicher künftiger Ökoschlüssel vor. Diese Unschärfe der Prognose entspricht der Bandbreite des realen ökologischen Geschehens, das sich wegen unbekannter und zufallsbedingter Einflußgrößen oftmals einer präzisen Vorhersage entzieht. Im Rahmen eines Biomonitoring kann bei fortschreitender Entwicklung eingegrenzt werden, welche Ökoschlüssel tatsächlich eintreten.

Kartendarstellung

Die Ergebnisse der Standortprognose werden in einer Karte der künftigen Standorteinheiten dargestellt (Karte 6). In Bereichen mit erheblichen Auswirkungen können sich neben den Standortfaktoren auch die Abgrenzungen der Standorteinheiten ändern. Diese geänderten Grenzen werden im vorliegenden Beispiel aus dem Grundwasser- oder dem Vorflutmodell ermittelt. Die Kartendarstellung hat der möglichen Variationsbreite der Prognose Rechnung zu tragen. Gegebenenfalls sind für verschiedene Modellfälle getrennte Prognosekarten zu erstellen.

Die Karte der künftigen Standorteinheiten ist sowohl Voraussetzung für die Biotoptypenprognose als auch Grundlage für die Beurteilung der Betroffenheit des Bodens als eigenständiges Schutzgut.

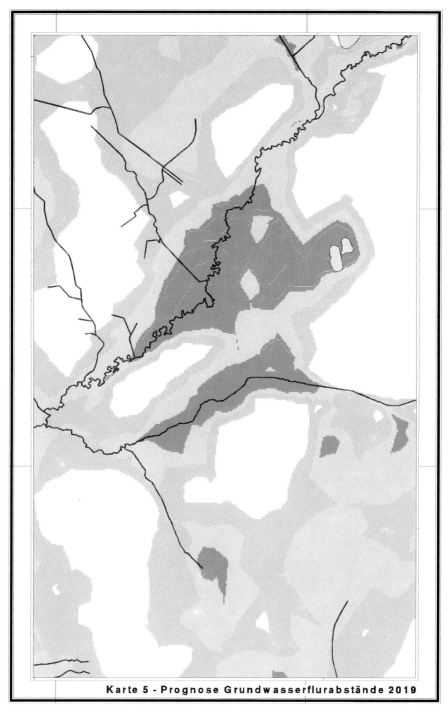

Karte 5: Künftige Grundwasserflurabstände (Prognose 2019).

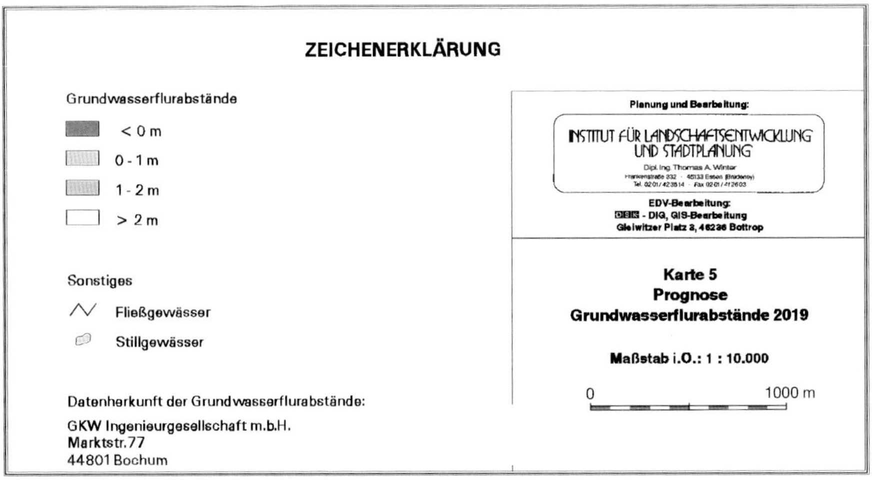

ZEICHENERKLÄRUNG

Grundwasserflurabstände

- < 0 m
- 0 - 1 m
- 1 - 2 m
- > 2 m

Sonstiges

- Fließgewässer
- Stillgewässer

Datenherkunft der Grundwasserflurabstände:

GKW Ingenieurgesellschaft m.b.H.
Marktstr. 77
44801 Bochum

Planung und Bearbeitung:

INSTITUT FÜR LANDSCHAFTSENTWICKLUNG
UND STADTPLANUNG
Dipl. Ing. Thomas A. Winter
Hammerstraße 332   45133 Essen (Bredeney)
Tel. 0201/42 38 14 · Fax 0201/41 26 03

EDV-Bearbeitung:
GGE - DIG, GIS-Bearbeitung
Gleiwitzer Platz 3, 46236 Bottrop

Karte 5
Prognose
Grundwasserflurabstände 2019

Maßstab i.O.: 1 : 10.000

0   1000 m

Legende zu Karte 5: Künftige Grundwasserflurabstände (Prognose 2019).

Karte 6: Künftige Reale Standorte (Prognose 2019).

ZEICHENERKLÄRUNG

ökologische Kennziffer für

ILS-Code	Boden-feuchte	pH-Wert	O2-Versorgung	Nährstoff-versorgung
3110	3z2	1/2	3s4	2
3204	3	2	3	2
3208	3	2	3	3
3213	3	2	3s4	2
4201	4	2	3	2
4202	4	2	3	3/2
4203	4	2	3	3
4215	4	2 (a4)	3	2 (a4)
4225	4o3	2	3	4
4241	4z3	2	3	2
4302	4	3	3/2	3
5205	5	2	3	2 5
5207	5	2	3	3/2
5208	5	2	3	3
5240	5z4	2	3	2
5314	5	3	3/2	3
6210	6	2	2	2
6211	6	2	2	3
6212	6	2	3	3
6215	6	2	3	3
6300	6	3	2	3
6302	6	3	3	4/3
6355	6	3	3z2	4/3
7000	7	0	0	0

Ursprung der Flächenbegrenzung

∧∨ Grundwassermodell

∧∨ Grenzen der Realen Standorte

∧∨ Bachauenprognose

Planung und Bearbeitung:

INSTITUT FÜR LANDSCHAFTSENTWICKLUNG UND STADTPLANUNG
Dipl. Ing. Thomas A. Winter
Hankenstraße 232   46133 Essen (Bredeney)
Tel. 0201/42 26 14   Fax 0201/412603

EDV-Bearbeitung:
DIG - DIG, GIS-Bearbeitung
Gleiwitzer Platz 3, 46236 Bottrop

Karte 6
Prognose
Reale Standorte 2019

Maßstab i.O.: 1 : 10.000

0   1000 m

Säure / Wasser	1	2	3	4	5	6
2						
3						
4						
5						
6						
7						

Legende zu Karte 6: Künftige Reale Standorte (Prognose 2019).

101

3.2   Vegetation

Biotoptypenprognose

Aus den Pflanzenaufnahmen, die den betroffenen Standorteinheiten zugeordnet sind, wird anhand ihrer Standortansprüche festgestellt, welche Pflanzenarten unter den veränderten Standortbedingungen des künftigen Ökoschlüssels am Standort verbleiben würden und welche ausfallen könnten.

Für diese Sukzessionsprognose ist von ausschlaggebender Bedeutung, daß im Gegensatz zu den Ellenbergschen Zeigerwerten (ELLENBERG 1974) nicht nur der ökologische Optimumbereich, sondern die gesamte Toleranzspanne der Pflanzenarten unter natürlichen Konkurrenzbedingungen berücksichtigt wird. Diese ökologische Spanne kann der Datenbank Terra Botanica entnommen werden (DAHMEN u. DAHMEN 1994).

Informationen zur Ausprägung des Wurzelsystems betroffener Bestände werden, soweit möglich, berücksichtigt. Hinweise hierzu liefern das Bestandsalter, die aktuelle Bodensituation (insbesondere der heutige Grundwasserstand) sowie die generelle Einstufung der Arten als Flach- oder Tiefwurzler.

Ist die prognostizierte Änderung so erheblich, daß ein Wechsel zu einem anderen Biotoptyp zu erwarten ist, werden aus der Datenbank Arten ermittelt, die angesichts der veränderten Standortfaktoren neu hinzukommen könnten. Bevorzugt werden hierbei Arten aus der Florenliste des Untersuchungsgebietes, die für die Charakterisierung der Biotoptypen von Bedeutung sind und unter verbreitungsökologischen Gesichtspunkten eine hohe Besiedlungswahrscheinlichkeit aufweisen. Die aus den Artensortimenten zu definierenden Biotoptypen werden soweit möglich im Kartierschlüssel der Bestandsaufnahme angegeben.

Bei dieser Biotoptypenprognose ergeben sich unter Umständen mehrere verschiedene Biotoptypen, die sich mit der gleichen Wahrscheinlichkeit an einem bestimmten Standort entwickeln könnten. Die zwangsläufige Unschärfe der Prognose hat die gleichen Konsequenzen wie bei der Prognose der Ökoschlüssel (siehe oben).

Kartendarstellung

Die Ergebnisse der Biotoptypenprognose werden in einer Karte des prognostizierten Biotoptypenbestandes dargestellt (Karte 7). Die Kartendarstellung hat der möglichen Variationsbreite der Prognose Rechnung zu tragen. Dies kann entweder durch Zusammenfassungen der Kartiereinheiten zu gröberen Kategorien oder durch die Erstellung mehrerer Prognosekarten für verschiedene Modellfälle erfolgen.

Die Karte des prognostizierten Biotoptypenbestandes ist Grundlage für die Beurteilung der Betroffenheit der Vegetation und weiterer Folgewirkungen auf andere Schutzgüter

Zusammenfassung

Die Prognose dynamischer Landschaftsveränderungen wird am Beispiel bergbaulicher Auswirkungen auf Grundwasser, Boden und Pflanzendecke erläutert.

Die senkungsbedingten Grundwasserstandsänderungen wirken direkt auf die physikalisch-chemischen und biologischen Qualitäten des Bodens, von denen alle weiteren

Auswirkungen auf die Naturhaushaltskomponenten, insbesondere die Vegetation, ausgehen.

Die Auswirkungen auf die Biotope sind die letztendlich zu beurteilenden Entwicklungen. Diese enge kausale Verknüpfung von Potentialveränderungen des Bodens mit Biotopentwicklungen erfordert eine multifaktorielle Analyse des heutigen und eine ebensolche Prognose des künftigen Standortes.

Die Methode der Ökoschlüssel integriert über die Standortqualitäten des Bodens und die Standortansprüche des aktuellen Bewuchses und stellt somit ein geeignetes Mittel zur Charakterisierung des heutigen Standortpotentials dar.

Für die darauf aufbauende Sukzessionsprognose ist von ausschlaggebender Bedeutung, daß nicht nur der ökologische Optimumbereich sondern die gesamte Toleranzspanne der Pflanzenarten unter natürlichen Konkurrenzbedingungen berücksichtigt wird.

Mit Hilfe des GIS - ARC/INFO werden die verschiedenen Datenbestände der Bestandserfassung aufbereitet, dargestellt und miteinander korreliert. Die dabei festgestellten Korrelationen sind von großer Bedeutung für die Auswirkungsprognose.

Ausgehend von einem Grundwassermodell, das die künftigen Grundwasserstände vorausberechnet, wird zunächst der Ökoschlüssel unter Einbeziehung aller verfügbaren bodenkundlichen Informationen entsprechend modifiziert.

Im zweiten Schritt der Prognose wird der künftige Ökoschlüssel auf seine Verträglichkeit für die am heutigen Standort ermittelten Pflanzenarten geprüft. Hinzu kommt eine Betrachtung über Pflanzenarten, die unter den geänderten Standortbedingungen neu auftreten könnten.

Das so ermittelte Artenspektrum des künftigen Standortes wird zusammengefaßt zu möglichen Biotoptypen. Deren kartographische Darstellung ist das Ergebnis der Sukzessionsprognose.

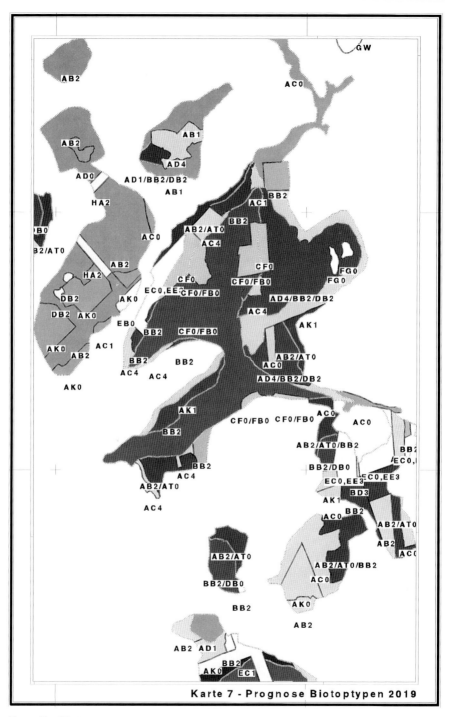

Karte 7 - Prognose Biotoptypen 2019

Karte 7: Biotoptypenprognose.

ZEICHENERKLÄRUNG

Betroffenheitsgrade von Waldflächen

Gefahr von vernässungsbedingtem Baumsterben, den gesamten Bestand erfassend, Fläche nicht mehr waldfähig

Bestandsveränderung durch Abtrocknung nur den Unterwuchs betreffend

Gefahr von vernässungsbedingtem Baumsterben, den gesamten Bestand erfassend, Bestockungswechsel möglich

Gefahr von vernässungsbedingtem Baumsterben, einzelne Baumarten erfassend

Vitalitätsrückgang, den gesamten Bestand erfassend

Vitalitätsrückgang, einzelne Baumarten erfassend

Feuchtezunahme, die den Unterwuchs verändert, den Baumbestand aber wahrscheinlic nicht beeinträchtigt

Heutige Freiflächen im Wald, die voraussichtlich so stark vernässen, daß sie nur noch eingeschränkt waldfähig sind

Bestandsveränderung durch Abtrocknung auch die Baumschicht betreffend

Betroffenheitsgrade landwirtschaftlicher Nutzflächen

Ackernutzung nicht mehr möglich, Nutzung als Feuchtgrünland möglich

Keinerlei landwirtschaftliche Nutzung mehr möglich

Befroffenheitsgrade sonstiger Flächen

Veränderungen von Freiflächen, die den Biotopcharakter nur mäßig verändern

Zukünftiger Biotoptypenbestand

voraussichtlich kleinflächiger Wechsel verschiedener Biotoptypen
CFO/FBO (z.B. CFO Röhrichtbestand und FBO Weiher, hier Senkungssee)

voraussichtlich entwickelt sich einer der angegebenen Biotoptypen (z.B. EC1
EC1,EE3 Naß- und Feuchtwiese oder EE3 brachgefallenes Naß- und Feuchtgrünland)

Ursprung und Bedeutung der Flächenbegrezung

Grundwassermodell bzw. Bachauenprognose

--> fließender Übergang

Biotoptypenbestand

--> präzise Grenze

Betroffenes Stillgewässer

Planung und Bearbeitung:

INSTITUT FÜR LANDSCHAFTSENTWICKLUNG
UND STADTPLANUNG
Dipl. Ing. Thomas A. Winter
Hansemannstraße 2/92   45133 Essen (Bredeney)
Tel. (0201) 422514   Fax (0201) 412003

EDV-Bearbeitung:
- DIG, GIS-Bearbeitung
Gleiwitzer Platz 3, 46236 Bottrop

Karte 7
Prognose
Biotoptypen 2019

Maßstab i.O.: 1 : 10.000

0   1000 m

Legende zu Karte 7: Biotoptypenprognose.

LITERATUR

DAHMEN, F. W., DAHMEN, G. u. HEISS, W. (1976): Neue Wege der graphischen und kartographischen Veranschaulichung von Vielfaktorenkomplexen. - Decheniana **129**, 145-178

DAHMEN, F. W. u. DAHMEN, H.-CH. (1994): Terra Botanica. - Wildpflanzen-Datenbank- und Informationssystem, Handbuch, Rose GmbH, Blankenheim

DAHMEN, F. W. (1996): Kartierung und Bewertung ökologischer Standorte und Raumeinheiten. - Buchmanuskript, Verlag Rose GmbH, Blankenheim

ELLENBERG, H. (1974): Zeigerwerte der Gefäßpflanzen Mitteleuropas. - Scripta Geobot. **9**, 2. Aufl. 1979, Göttingen

RÜBER, O. (1997): Dreidimensionale Grundwasserströmungsmodellierung zur Beurteilung von bergsenkungsbedingten Veränderungen der Grundwassersituation im Bereich der Kirchheller Heide. – In: COLDEWEY, W.G. u. LÖHNERT, E.P.: Grundwasser im Ruhrgebiet. Köln, 243-248

PERSPEKTIVEN EINES LOGISCH KONSISTENTEN ZIEL-SYSTEMS FÜR DIE BEWERTUNG UND LEITBILDENT-WICKLUNG AM BEISPIEL DES LANDSCHAFTSPLANS VON ST. GEORGEN I. SCHW.

ABSTRAKT

Ein Umweltzielsystem, das auf der Zweck-Mittel-Mittel Relation beruht und in sich stimmig ist, erlaubt einen transparenten Umgang mit den jeweiligen Umweltzielen bzw. Zielkonflikten. Die Entwicklung und Umsetzung eines auf der Zweck-Mittel-Relation beruhenden Zielsystems wird am Beispiel des Landschaftsplans St. Georgen i. Schwarzwald erläutert. Anhand mehrerer Beispiele wird aufgezeigt, wie dieser Ansatz zu neuen Lösungsansätzen jenseits rechtlicher bzw. formal-faktischer Positionen führen kann und wie Entscheidungen besser offengelegt und vergleichbar gemacht werden können. Damit können die Entscheidungen von der Bevölkerung auch besser verstanden und nachvollzogen werden, was tendenziell zu einer größeren Akzeptanz führen sollte. Dieses Umweltzielsystem stellt ein offenes heuristisches Modell dar, das im Gegensatz zu den dirigistischen Modellen der 70er Jahre im diskursiven Dialog zwischen Planern, Entscheidungsträgern und Bürgern ausgehandelt wird und sich an den endogenen Potentialen des jeweiligen Raumes orientiert.

1   PROBLEMSTELLUNG

Eine präzise Formulierung des Umweltzielsystems sollte die Grundlage für die Planung der Landschaft darstellen. Nur so können Bewertungsschritte, Leitbilder und Maßnahmen nachvollziehbar begründet und später auf ihren Erfolg bzw. Misserfolg überprüft werden. Für die Akzeptanz von umweltbezogenen Leitbildern, Planungsvorhaben und Naturschutzforderungen bei Entscheidungsträgern und in der breiten Öffentlichkeit ist ein transparenter Umgang mit Zielen und Zielkonflikten unabdingbar.

Bisher bestehen in der Planungspraxis noch erhebliche Probleme bei der öffentlich nachvollziehbaren Leitbildentwicklung. Zwar geben der Gesetzgeber und die vorgelagerten Planungsebenen bereits eine Fülle von Umweltzielen vor; diese konfligieren jedoch in aller Regel untereinander sowie mit anderen gesellschaftlichen Zielen. Aus diesem Grund sind z.B. die Ziele des Naturschutzes "untereinander und gegen die sonstigen Anforderungen der Allgemeinheit an Natur und Landschaft abzuwägen" (§1, Abs. 2 BNatSchG).

Im Planungs- und vor allem im Konfliktfall besteht daher ein erheblicher Systematisierungsbedarf, damit die verschiedenen, einander unter-, neben- und übergeordneten, gleichsinnigen und gegenläufigen Ziele in eine überschaubare Ordnung gebracht werden können. Die bisher gebräuchlichen hierarchisch gegliederten Zielkategorien Leitbild → Leitlinien → Umweltqualitätsziele → Umweltqualitätsstandards (FÜRST et al. 1989) sind hierfür zu verschwommen bzw. unsachgemäß definiert. Um die Diskussion im Vorfeld von Abwägungsentscheidungen besser strukturieren und die Entscheidung besser nachvollziehbar begründen zu können, wird ein logisch konsistenteres Begriffssystem benötigt.

Damit die entsprechenden Zielkategorien praxistauglich sind, muss ihre Beziehung zu den unterschiedlichen Argumentationstypen geklärt sein, die bei Konfliktanalyse und sachgerechter Entscheidungsfindung von Belang sind:

- teleologische Argumentation (Begründung eines Zieles bzw. einer Maßnahme aus dem übergeordneten Zweck, dem sie dienen)

- semantische Argumentation (Konkretisierung abstrakter Formulierungen im Hinblick auf die besonderen Bedingungen des Einzelfalls)

- kausale Argumentation (Aufzeigen von Ursache-Wirkungs-Beziehungen)

Im ersten Teil des Aufsatzes wird zunächst knapp dargelegt, inwiefern das Modell "Leitbild – Leitlinie – Umweltqualitätsziel – Umweltqualitätsstandard" verschwommen bzw. unsachgemäß ist. Daraufhin werden anhand der teleologischen Argumentationsweise sachgemäßere Zielkategorien eingeführt und ihre Beziehung zur semantischen und kausalen Argumentation dargestellt. Nach dieser Klärung kann auf grundlegende Kategorien von mehrdimensionalen Zielsystemen und auf die Abwägungsproblematik eingegangen werden.

Im zweiten Teil wird anhand eines Vergleichs mit dem "konventionell" erstellten Landschaftsplan St. Georgen i. Schw. aufgezeigt, wie dieses neue Instrumentarium bei Umweltbewertung und Leitbildentwicklung eingesetzt werden kann. Hierbei werden die Grundzüge eines Zielsystems für den Planungsraum entwickelt, das den Rahmen für Potentialbewertung und Konfliktanalyse vorgibt.

2 DAS GÄNGIGE UMWELTZIELSYSTEM NACH FÜRST et al.

FÜRST et al. (1989) haben ein hierarchisch gegliedertes Zielsystem vorgestellt, das inzwischen eine weite Verbreitung in Fach- und Gutachterkreisen gefunden hat. Die Autoren wiesen auf die "unglaubliche Vielfalt und unterschiedliche Definition" (1989:8) von Begriffen im Zusammenhang mit Bewertungsmaßstäben hin, was Schwierigkeiten in der Kommunikation, in der Öffentlichkeitsarbeit und in der Glaubwürdigkeit mit sich bringe. Vor diesem Hintergrund ist ihr Versuch zu begrüßen, "Begriffe und Definitionen zu ordnen und zu strukturieren, um eine brauchbare Arbeitsgrundlage zu erlangen" (ebd.). Der Komplex der Umweltziele und Bewertungsmaßstäbe wird von FÜRST et al. (1989) als in vier Ebenen hierarchisch gegliedert angesehen: Umweltqualitätsstandards (UQS), Umweltqualitätsziele (UQZ), Leitlinien und auf der obersten Hierarchiestufe das Leitbild (Abb. 1).

Es ist das Verdienst von FÜRST et al., deutlich darauf hingewiesen zu haben, dass UQZ aus den übergeordneten Zielen abgeleitet werden müssen. Sie "operationalisieren die Leitlinien auf der Grundlage des Leitbilds im Hinblick auf die konkrete Situation ein Stück weit. Ohne die Benennung von Leitbildern und Leitlinien stehen Qualitätsziele im leeren Raum" (FÜRST et al. 1989:10)

Die Einteilung von Umweltzielen in diese vier Hierarchieebenen wurde oft unkritisch übernommen, ohne dass erläutert, geschweige denn explizit definiert worden wäre, was jeweils unter 'Leitbild' zu verstehen sei. Dies ist verwunderlich, weil es sich beim Begriff des 'Leitbildes' im Sinne von FÜRST et al. offensichtlich um einen Schlüsselbegriff handelt. FÜRST et al. gehen selbst auf die Begriffe 'Leitbild' und 'Leitlinie' nicht näher ein, da das Forschungsvorhaben UQZ und UQS thematisierte (1989:11). Es wird nur ausgesagt, dass 'Leitlinien' allgemeiner seien als UQZ. 'Leitbilder' seien wiederum noch allgemeiner als 'Leitlinien' (FÜRST et al. 1989:10). Ein definierendes Kriterium, welches erkennen lässt, wann ein Ziel als "Leitbild" oder als "Leitlinie" aufzufassen ist, fehlt. In der Praxis führt die durch eine einfache und einprägsame Abbildung (vgl. Abb. 1) erfolgte Einführung von nicht klar bestimmten Begriffen zu genau den Schwierigkeiten und Kommunikationsproblemen, die zu mindern eigentlich intendiert war (zur Leitbilddiskussion siehe LEHNES & HÄRTLING 1997).

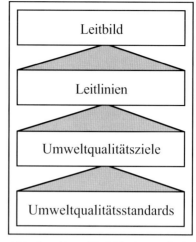

Abb. 1: Zum Verhältnis von Leitbild, Leitlinie, UQZ und UQS (aus: FÜRST et al. 1989:10).

Demgegenüber sind UQZ relativ klar definiert: "Umweltqualitätsziele geben also bestimmte sachlich, räumlich und ggf. zeitlich definierte Qualitäten von Ressourcen, Potentialen oder Funktionen an, die in konkreten Situationen erhalten oder entwickelt werden sollen" (FÜRST et al. 1989:11). Die Abgrenzung nach oben (zu Leitlinien und Leitbildern) bleibt jedoch auch anhand dieser Definition verschwommen.

Umweltqualitätsstandards (UQS) schließlich sind "konkrete Bewertungsmaßstäbe zur Bestimmung von Schutzwürdigkeit, Belastung, angestrebter Qualität, indem sie für einen bestimmten Parameter bzw. Indikator Ausprägung, Messverfahren und Rahmenbedingungen festlegen" (FÜRST et al. 1989:11). Aus einer Liste mit den häufiger verwendeten Unterbegriffen (Eckwert, Grenzwert, Diskussionswert, Referenzwert, Leitwert, zulässige Höchstkonzentration, Richtzahl, Mindestareal, no-effect-level etc.) wird deutlich, dass Standards vor allem dadurch charakterisiert sind, dass sie einen ganz bestimmten Punkt (-*Wert*) auf einer Sachskala markieren, der erreicht oder aber nicht überschritten werden soll. Wertseitig stellt sich bei Standards zunächst die Frage *entweder* eingehalten *oder nicht*. Je nachdem um welche Art von Umweltstandard es sich handelt, sind mit der Frage der Einhaltung bzw. Nichteinhaltung von Standards jedoch andere Konsequenzen verknüpft. Genau genommen sind demnach UQS keine Bewertungs*maßstäbe* im wörtlichen Sinne, d.h. eine definierte Skaleneinteilung, sondern sie stellen i.d.R. herausgehobene Punkte auf einer Skala dar, deren Unter- oder Überschreitung für die Bewertung von besonderem Interesse ist. Mit anderen Worten, durch Festlegung eines bestimmten Punktes auf einer Sachskala wird diese mit einer nominalen Wertskala (erlaubt – verboten, zumutbar – unzumutbar etc.) verknüpft (vgl. GÜNTHER 1996). Damit sind UQS deutlich von UQZ unterschieden.

Das begriffliche Problem der Konzeption des Umweltzielsystems i.S.v. FÜRST et al. (1989) besteht also in der Unterscheidung von drei verschiedenen, den Standards übergeordneten Hierarchieebenen, ohne dass klare Unterscheidungskriterien aufgezeigt worden wären. Es wird gefordert, dass UQZ aus einer obersten Prämisse in mehreren Schritten nachvollziehbar abzuleiten seien, wobei jedoch unklar bleibt, wie diese oberste Prämisse definiert ist. Des weiteren geht die Kennzeichnung der logischen Ausgangspunkte der Begründung von UQZ als *allgemeinere* Ziele an der Sache vorbei. Wie im Folgenden zu zeigen sein wird, können die übergeordneten Ziele und obersten Prämissen durchaus sehr konkret sein. Schließlich bleibt die Abwägungsproblematik, die in der Praxis eine große Rolle spielt, in diesem Modell noch unberücksichtigt.

3 UMWELTZIELE IN BEZIEHUNG ZU ARGUMENTATIONSWEISEN

3.1 Grundlegende Zielkategorien und teleologische Argumentation

Wissenschaftliche Ergebnisse gehören der Sachdimension an, während Zielformulierungen neben der Sachdimension auch zusätzlich die Wertedimension beinhalten (ausführlicher in LEHNES 1996). Eine Zielsetzung impliziert immer auch, dass etwas als anstrebens*wert* bzw. - bei Vermeidungszielen - als schlecht erachtet wird. Wollte man *nur* aus der Sachdimension ein Ziel oder eine Sollensforderung ableiten, so beginge man den Sein-Sollens-Fehlschluss ("naturalistischen Fehlschluss"). Um einen Fehlschluss handelt es sich deshalb, weil eine Schlussfolgerung niemals mehr enthalten kann als die zugrunde liegenden Prämissen (HÖFFE 1980:9). Wenn die Prämissen (wissenschaftliche Ergebnisse) kein normatives bzw. wertendes Moment beinhalten, dann kann die Wertedimension aus rein logischen Gründen auch nicht in der Folgerung enthalten sein. Erkenntnisse über Zustände von Ökosystemen und funktionale Zusammenhänge sind für den Prozess der Zielfindung allerdings insoweit von Belang, als sie in Bezug zu *schon vorausgesetzten außerwissenschaftlichen Zielen* stehen. Für den Gutachter bedeutet dies, dass sich die übergeordneten Gesichtspunkte der Systematisierung und Verarbeitung ökologischer Informationen sich an diesen außerwissenschaftlichen Zielen orientieren müssen, wenn sie für den gesellschaftlichen Zielfindungsprozess brauchbar sein sollen.

Für die teleologische, d.h. die zielorientierte Argumentation ist die Beziehung zwischen **Ober-** und **Unterziel** und damit zusammenhängend die Zweck-Mittel-Beziehung grundlegend. Sowohl 'Zweck' und 'Mittel' als auch 'Oberziel' und 'Unterziel' sind Beziehungsbegriffe, die sich gegenseitig bedingen, wobei Zweck und Ziel synonym gebraucht werden können. Etwas ist Mittel nur im Hinblick auf einen Zweck, d.h. ein übergeordnetes Ziel. Ebenso ist ein Ziel nur insofern ein Oberziel, als ihm ein oder mehrere Unterziele zugeordnet sind. Dasselbe Ziel kann Oberziel und zugleich Unterziel für ein weiteres übergeordnetes Ziel sein. Von einem gesellschaftlich oder planerisch vorgegebenen Ziel ausgehend, kann die Analyse dementsprechend in zwei Richtungen gehen. (1) Man kann fragen, welche Mittel in einer gegebenen Situation der Zielerreichung dienen. Das Auffinden von geeigneten Mitteln und Unterzielen dient der Operationalisierung des gegeben Zieles. (2) Man kann jedoch auch fragen, welchen übergeordneten Zwecken die Erreichung des Ziels dienen soll. In diese Richtung ist zu fragen, wenn das gegebene Ziel begründet werden soll, z.B. um die Akzeptanz zu erhöhen oder weil in einer Konfliktsituation Abwägungsbedarf besteht.

In vielen Fällen kann ein Oberziel, das zur Begründung eines Zieles herangezogen wird, selbst wieder hinterfragt werden. Dadurch wird wiederum ein übergeordneter

Zweck zutage gefördert, dem es selbst und alle ihm untergeordneten Ziele dienen. Dieses Hinterfragen von Zielen findet jedoch ein Ende, wenn man auf Selbstzwecke stößt, d.h. auf Ziele, die um ihrer selbst willen verfolgt werden. So macht es beispielsweise keinen Sinn zu fragen, welchem Zweck es dient, Kinder, die auf einem Spielplatz spielen, vor erhöhtem Krebsrisiko zu schützen. Der Schutz der Kinder vor der erhöhten Gefahr später an Krebs zu erkranken ist Selbstzweck.

Ein Ziel mit Selbstzweckcharakter kann als **primäres Ziel** bezeichnet werden (vgl. LEHNES 1996). Primäre Ziele sind Setzungen axiomatischen Charakters. *Die primären Ziele sind die obersten Prämissen der teleologischen und wertenden Argumentations- bzw. Begründungsketten.* Sie stellen definitionsgemäß die eigentlichen (und einzigen) Gründe dar, weshalb man überhaupt etwas verändern oder erhalten will.

Wenn etwas um seiner selbst willen als anstrebenswert erachtet wird, ist damit zunächst noch keinerlei Aussage darüber verbunden, wie hochrangig das entsprechende Ziel bewertet wird. Sowohl das Ziel, die Gesundheit des Menschen zu schützen, als auch das Ziel, eine schöne Landschaft zu erleben, haben Selbstzweckcharakter. 'Primär' im Kontext von primären Zielen hat nichts mit "an erster Stelle einer Rangordnung unterschiedlicher Ziele stehend" zu tun. Im Gewicht, das unterschiedlichen primären Zielen beigemessen wird, liegt das subjektive Moment, das Wertungen, Abwägungsvorgängen und Entscheidungen innewohnt. Das Ziel, gefährdete Tier- und Pflanzenarten um ihrer selbst willen zu erhalten, ist für viele Naturschützer sehr hochrangig, während es im Wertempfinden anderer Menschen keinerlei Gewicht hat. Für Letztere ist es vielleicht überhaupt kein primäres Ziel, allenfalls Mittel zum Zweck (z.B. genetische Ressource).

Aus primären Zielen können unter Hinzuziehung der entsprechenden empirischen Sachverhalte Unterziele und Umweltstandards über eine unterschiedliche Anzahl von Schritten abgeleitet werden. Die meisten Umweltqualitätsziele, wie beispielsweise das Ziel, den Eintrag von krebserregenden Dioxinen auf einen Spielplatz zu vermeiden, sind **abgeleitete Ziele**. Abgeleitete Ziele sind dadurch definiert, dass sie übergeordneten Zielen und gegebenenfalls mittelbar mindestens einem primären Ziel dienen. Ihre Erreichung ist Mittel zum Zweck.

Aus obigen Ausführungen wurde deutlich, dass ein und dieselbe Zielformulierung gleichzeitig als primäres wie auch als abgeleitetes Ziel aufgefasst werden kann. Die Tier- und Pflanzenwelt kann sowohl um ihrer selbst willen geschützt werden, als auch im Hinblick auf den Nutzen, den sie für Menschen mit sich bringt. Dies schlägt sich auch in rechtlichen Vorgaben nieder (vgl. Kap. 5.5.3).

In den Bereich der teleologischen Argumentation gehören neben Umweltzielen auch Handlungsvorgaben (Handlungsprinzipien, Sollensforderungen und Maßnahmenvorschläge etc.). Umweltziele beinhalten Vorstellungen über anzustrebende, zu erhaltende oder zu vermeidende Zustände von Umweltbestandteilen bzw. ihren Beziehungen. Demgegenüber haben Handlungsvorgaben menschliche Tätigkeiten und Verhaltensweisen zum Inhalt. Da rationale Handlungen zweckorientiert sind, d.h. der Erreichung von Zielen dienen, sind sie immer auf bestimmte Ziele bezogen bzw. sie setzen Ziele voraus. Aus hinreichend präzisen Zielen können unter Einbezug empirischer Kenntnisse über die konkrete Sachlage Handlungsvorgaben abgeleitet werden. *Während primäre Ziele die logischen Ausgangspunkte der teleologischen Argumentation bilden, stellen Handlungsprinzipien oder Forderungen nach konkreten Maßnahmen deren Endpunkte dar.*

Unter einem **eindimensionalen Zielsystem** ist der gesamte Komplex aus abgeleiteten Zielen und Maßnahmen zu verstehen, der auf die Verwirklichung *eines* bestimmten primären Zieles hin orientiert ist (Abb. 2). Alle Unterziele und Maßnahmen, die z.B. der Umsetzung des Zieles dienen, gefährdete Tier- und Pflanzenarten um ihrer selbst

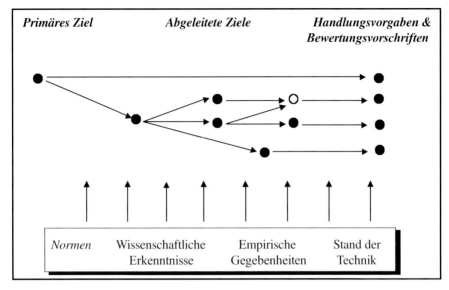

Abb. 2: Das eindimensionale Zielsystem (nach LEHNES 1996, leicht verändert). Aus einem Ziel mit Selbstzweckcharakter werden in mehreren Schritten abgeleitete Ziele und schließlich die Umweltqualitätsziele abgeleitet. In die einzelnen Ableitungsschritte geht neben einem übergeordneten Ziel ggf. folgendes ein: Rechtsvorschriften (oder andere Normen), wissenschaftliche Erkenntnisse (z.B. über kausale Zusammenhänge), empirische Gegebenheiten (z.B. konkrete naturräumliche Ausstattung oder soziale Gruppen) oder der Stand der technischen Möglichkeiten. (*kursiv: Wertdimension*, Normalschrift: reine Sachdimension).

willen zu erhalten, bilden gemeinsam ein eindimensionales Zielsystem. Dabei sollte, im Unterschied zum Ansatz von FÜRST et al. (1989), keine feste Anzahl von Hierarchie*ebenen* unterschieden werden, da je nach Komplexität der Fragestellung im Einzelfall unterschiedlich viele Folgerungsschritte vollzogen werden müssen. Trotzdem liegt eine hierarchische Beziehung vor, da jedes untergeordnete Ziel seine Gewolltheit durch das bzw. die jeweils übergeordneten Ziele verliehen bekommt.

Um den gesamten Ableitungsprozess ausgehend vom primären Ziel bis hin zu konkreten Maßnahmen oder Bewertungsmaßstäben intersubjektiv nachvollziehbar zu gestalten, müssen die primären Ziele, auf denen die Argumentation basiert, offengelegt werden und die einzelnen Ableitungsschritte dokumentiert werden.

Die Zielhierarchie aus Oberzielen und jeweiligen Unterzielen wird also durch Zweck-Mittel-Beziehungen konstituiert. Da je nach konkretem Fall eine unterschiedliche Anzahl von Ableitungsschritten notwendig ist, sollten Umweltzielsysteme nicht in einen wenig praxistauglichen Schematismus von vier Hierarchieebenen gepresst werden.

3.2   Ziele und semantische Argumentation

Die semantische Argumentation thematisiert Wortbedeutungen, indem das Verhältnis von abstrakteren Oberbegriffen zu konkreteren Unterbegriffen, d.h. *begriffliche* Implikationsbeziehungen geklärt werden. Diskussionen über die Bedeutung von Zielvorgaben spielen im Planungsprozess dann eine Rolle, wenn Klärungsbedarf darüber besteht, ob ein konkreter Sachverhalt oder ein konkreter formuliertes Ziel unter ein vorgegebenes abstrakt formulierte Ziel fällt oder nicht. Das Ziel, die biologische Vielfalt zu erhalten, impliziert beispielsweise u.a. das Ziel, die Vielfalt an Pflanzenarten oder, noch konkreter, inzwischen selten werdende artenreiche Mager-rasen zu erhalten.

Die semantische Argumentation muss deutlich von der teleologischen unterschieden werden. Ein konkreter formuliertes Ziel ist nicht Mittel zur Erreichung des abstrakte-ren Zieles. Vielmehr wird, wenn das konkretere Ziel erreicht wird, zugleich auch das abstraktere Ziel teilweise erreicht, d.h. 'Vielfalt der Pflanzenarten' fällt z. B. unter den Begriff 'biologische Vielfalt'.

Oberziele bzw. primäre Ziele können sowohl abstrakt (allgemein) als auch relativ konkret (speziell) formuliert sein. So kann das Ziel, Kinder, die auf einem Spielplatz spielen, vor Krebsrisiko zu schützen, ebenso als primäres Ziel fungieren, aus dem Unterziele und Maßnahmen abgeleitet werden können, wie das allgemeine Ziel, Menschen vor Gesundheitsrisiken zu schützen. Dasselbe gilt für abgeleitete Ziele: Das Ziel, Dioxinanreicherungen im Sand eines bestimmten Spielplatzes zu vermeiden, ist genauso abgeleitet, wie das allgemeinere Ziel, Schadstoffanreicherungen in Böden zu verhindern. Ob ein Umweltziel allgemein oder konkret formuliert ist, besagt deshalb überhaupt nichts über seine Stellung innerhalb der Zielhierarchie.

Allerdings bestehen Beziehungen zwischen Begriffshierarchie und Planungshierarchie sowie der Hierarchie der geographischen Maßstäbe (vgl. Abb. 3). Wenn Ziele für einen größeren Planungsraum formuliert werden, müssen sie i.d.R. abstrakter formu-liert werden, um eine Vielzahl unterschiedlicher Fälle abdecken zu können.

Übergeordnete allgemeine Zielvorgaben müssen für nachgeordnete Planungen konkre-tisiert werden. Schwierigkeiten der Konkretisierung können sich vor allem dann ergeben, wenn in Zielen unscharfe oder mehrdeutige Begriffe gebraucht werden, da es dann u.U. nicht entscheidbar ist, ob ein konkreter Sachverhalt unter diese Begriffe

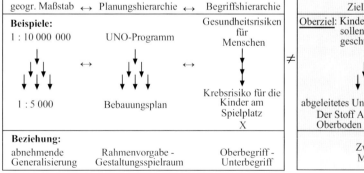

Abb. 3:   Das Verhältnis von Begriffshierarchie, Planungshierarchie und geographi-schem Maßstab zur Zielhierarchie (aus LEHNES 1996, verändert).

fällt oder nicht. Begriffliche Unschärfen oder Mehrdeutigkeiten können sowohl hinsichtlich des *Bezugsgegenstandes* als auch der *Zielausrichtung* auftreten. Durch den 'Bezugsgegenstand' werden diejenigen Umweltbestandteile (oder Prozess) gekennzeichnet, bezüglich derer etwas angestrebt wird. Die Zielausrichtung drückt die Qualitäten, Merkmalsausprägungen Eigenschaften, Beziehungen etc. aus, die im Hinblick auf den Bezugsgegenstand angestrebt oder erhalten werden sollen. Erst beide Elemente einer Zielformulierungen zusammen ergeben ein inhaltlich vollständiges gekennzeichnetes Ziel (LEHNES 1996).

3.3   Beziehung zwischen Umweltzielen und kausaler Argumentation

Ein Mittel ist deshalb ein Mittel zur Zielerreichung, weil es geeignet ist, den angestrebten Zustand des Bezugsgegenstandes zu verursachen. Damit wird deutlich, daß die Zweck-Mittel-Beziehung in engem Zusammenhang mit der Ursache-Wirkungs-Beziehung steht (WEINBERGER 1989:285f). Beide Beziehungen sind in Abbildung 4 gegenübergestellt.

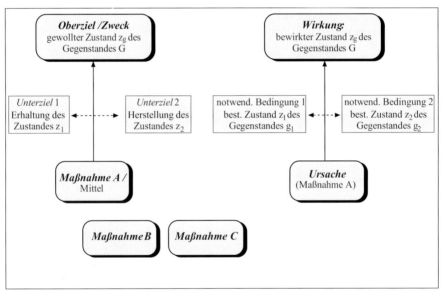

Abb. 4:   Kausale Zusammenhänge und Zielsystem (LEHNES 1996, Erläuterung im Text).

Das Oberziel beschreibt den gewollten Zustand z_g eines Bezugsgegenstandes G. Der Zustand z_g kann aufgrund einer Ursache-Wirkungs-Beziehung durch eine Maßnahme A verursacht werden, wenn bestimmte dafür notwendige Randbedingungen (1, 2, ...) eingehalten sind. Diese Bedingungen beinhalten wiederum mögliche Zustände (z_1, z_2, ..) bezüglich anderer Gegenstände (G_1, G_2, ...). Werden diese Zustände gewollt, d.h. als Ziele formuliert, weil sie der Verwirklichung des Oberzieles dienen, dann handelt es sich hierbei um Unterziele des Oberziels. Die Bedingung 1 sei im konkreten Fall erfüllt; das Unterziel 1 ist demgemäss ein Erhaltungsziel, das ausdrückt, dass dieser Zustand weiterhin bestehen soll. Die Bedingung 2 sei im konkreten Fall nicht erfüllt, weshalb das Unterziel 2 ein gestaltendes Ziel darstellt, das durch Maßnahme B oder C realisiert werden könnte.

Die Beziehung zwischen Ober- und Unterziel bzw. Mittel und Zweck basiert also auf kausalen Zusammenhängen. Im Gegensatz zur kausalen Argumentation beinhaltet die teleologische Argumentation aber immer zusätzlich das in die Zukunft gerichtete wertende Moment des Anstrebens oder Vermeidens.

4 MEHRDIMENSIONALE UMWELTZIELSYSTEME UND ABWÄGUNG

In der Praxis haben wir es zumeist mit komplexen vieldimensionalen Umweltziel-systemen zu tun, die zudem mit anderen gesellschaftlichen Belangen verflochten sind. (1) Oftmals dient ein Unterziel gleichzeitig mehreren Oberzielen, die wiederum unterschiedlichen primären Zielen nützen. So kann das Ziel, das Grundwasser vor kontaminiertem Sickerwasser zu schützen, sowohl dem Schutz der Gesundheit des Menschen dienen, als auch dem Schutz von Lebewesen in Gewässern, die mit dem Grundwasser in Verbindung stehen. (2) Zudem kann eine Maßnahme Veränderungen bewirken, die im Hinblick auf ein primäres Ziel positiv, jedoch zugleich aus der Perspektive anderer primärer Ziele negativ zu beurteilen sind. So könnte eine konta-minierte Fläche seltene Tiere oder Pflanzen beherbergen, die beim Auskoffern keine Lebensmöglichkeiten mehr finden. Demgemäss ist das Primäre Ziel, die Gesundheit des Menschen zu schützen (durch Beseitigung des Emissionsherds), dem primären Ziel, gefährdete Tier- und Pflanzenarten um ihrer selbst willen zu erhalten, gegenläu-fig. *Echte Zielkonflikte entstehen nur dann, wenn im konkreten Fall primäre Ziele in gegenläufiger Weise betroffen sind.*

Beide Fälle, die in der Regel in Kombination auftreten, sind durch eindimensionale Zielsysteme, die definitionsgemäß nur ein primäres Ziel in Betracht ziehen, nicht befriedigend darstellbar. Ein **mehrdimensionales Zielsystem** ist dadurch definiert, dass es mehrere, in der konkreten Situation gleichsinnige oder gegenläufige primäre Ziele beinhaltet, die über abgeleitete Ziele, Maßnahmenvorschläge und Wirkungsbeziehungen miteinander verknüpft sind. Wenn im Rahmen mehrdimensionaler Zielsysteme gegen-läufige Ziele auftreten, dann müssen 'vor-', 'gleich-' und 'nachrangige Ziele' unter-schieden werden, damit die auftretenden Konflikte gelösten werden können.

Prioritäten und Gewichtungen werden erst beim Vergleich unterschiedlicher Ziele gesetzt. Die Prioritätensetzung kann durch ausgleichende oder vorziehende Abwä-gung geschehen (ENDERLEIN 1992):

- Im Falle einer ausgleichenden Abwägung erhält kein Ziel absolute Priorität, sondern alle Ziele werden je nach Gewichtung mehr oder weniger suboptimal verfolgt (vgl. Optimierungsgebot).

- Bei einer vorziehenden Abwägung wird ein Ziel vollständig prioritär verfolgt und das bzw. die anderen konfligierenden Ziele werden nur im Rahmen des dann noch Möglichen umgesetzt.

Im *Gewicht*, das jedem der vorausgesetzten primären Ziele beigemessen wird, zeigt sich das subjektive Moment der zielorientierten bzw. wertenden Argumentation. Wie stark ein primäres Ziel gewollt wird, hängt vom individuellen oder gruppenspezifischen

Wertempfinden einerseits und der konkreten Betroffenheit andererseits ab. Manchmal wird dasselbe Ziel von einer gesellschaftlichen Gruppe positiv beurteilt, während eine andere Gruppe diesem Ziel gleichgültig oder sogar ablehnend gegenübersteht. Ob jemand beispielsweise das Überleben einer seltenen Population, die Intaktheit des Landschaftsbildes, die Steigerung des Komforts oder die Gesundheit von spielenden Kindern höher bewertet, ist letztlich nicht logisch entscheidbar. Dies hängt vom weltanschaulich geprägten Wertempfinden jedes Einzelnen ab.

Wenn Zielkonflikte gelöst werden sollen, reicht es dementsprechend nicht aus, die grundlegenden primären Ziele zu benennen; sondern darüber hinaus muss immer offen gelegt werden, wie diese primären Ziele gewichtet werden. Der Komplex von für eine bestimmte Fragestellung relevanten primären Zielen einschließlich deren relativen Gewichten kann als **primäres Zielsystem** bezeichnet werden.

Jeder Argumentation über die Wichtigkeit abgeleiteter Ziele muss notwendigerweise ein primäres Zielsystem implizit zugrunde liegen. Wenn dieses primäre Zielsystem jedoch nicht offengelegt wird, dann wird weder klar, welche primären Ziele vorausgesetzt werden, noch wird deutlich, wie die Gewichte verteilt sind. Trotzdem werden in der bisherigen Praxis häufig aus abgeleiteten Zielen weitere Unterziele und Maßnahmen entwickelt. Solche Zielsysteme, deren zugrundeliegende primären Ziele nicht offengelegt sind, können als '**unbestimmte Zielsysteme**' bezeichnet werden. Wird auf diesem Niveau argumentiert, dann ist die Gefahr groß, dass a) verschiedene Interessengruppen von unterschiedlichen primären Zielsystemen ausgehen, ohne dass dies bemerkt wird, b) innere Widersprüche innerhalb einer Argumentation verschleiert bleiben und c) berechtigte Anliegen nicht angemessen gewürdigt werden. Auf diese Weise wird ein optimaler Interessenausgleich erschwert, da die Wurzeln eines Zielkonfliktes nicht erkannt werden. Entscheidungen sind dann kaum noch intersubjektiv nachvollziehbar. Mangelnde Transparenz leistet Akzeptanzproblemen Vorschub - auch wenn die Entscheidung in bester Absicht getroffen wurde.

Es ist jedoch auch möglich, dass die primären Zielen benannt werden, jedoch bewusst keine bzw. nur teilweise Gewichtungen vorgenommen werden. Solche **ungewichteten** oder nur **partiell gewichteten Zielsysteme** können rechtlich fixiert werden. Sie ermöglichen es, den nachgelagerten politischen Ebenen oder der Verwaltung einen mehr oder weniger begrenzten Gestaltungsspielraum einzuräumen. Aus partiell gewichteten Zielsystemen können u.U. rahmensetzende Unterziele und Umweltstandards (z.B. Mindeststandards) begründet werden.

Schließlich können aus Zielsystemen, die auf einem vollständigen primären Zielsystem beruhen und Unterziele entsprechend der abgeleiteten Gewichtungen beinhalten, auch '**Leitbilder**' entworfen werden. Ein 'Leitbild' in diesem Sinne beschreibt (in Anlehnung an die Definition von HEIDT et al. 1994:146) den angestrebten Zustand für einen Raumausschnitt oder einen Sachverhalt in umfassender Weise, wobei unterschiedliche primäre Ziele ihrem beigemessenen Gewicht gemäß berücksichtigt sind. Systemimmanente Zielkonflikte sind in Leitbildern durch vorziehende oder ausgleichende Abwägung auf der Ebene der primären Ziele bewältigt.

Die wesentliche Bedeutung des Ansatzes, Zielsysteme auf offengelegten primären Zielen zu begründen, liegt in der Möglichkeit die eigentlichen Zielkonflikte deutlicher erfassen zu können, so dass die Abwägung und Entscheidung weniger willkürlich erscheinen.

5 ERSTELLUNG EINES UMWELTZIELSYSTEMS NACH DER ZWECK-MITTEL-RELATION FÜR DEN LANDSCHAFTSPLAN ST. GEORGEN

Am Beispiel des Landschaftsplans von St. Georgen i. Schw. wird im Folgenden aufgezeigt, wie ein auf offen gelegten primären Zielen basierendes Umweltzielsystem in der Praxis verwendet werden könnte. Nach der Einführung in die rechtlichen Grundlagen der Landschaftsplanung und einer Vorstellung des Untersuchungsraums wird der gesamte Verfahrensablauf bei der Erstellung eines Landschaftsplans dargestellt, wobei sich die Beispiele vor allem auf die Auen- und Uferbereiche beziehen.

5.1 Einführung in den Landschaftsplan

Grundlage der kommunalen Entwicklung ist der Flächennutzungsplan, der von der Gemeinde eigenverantwortlich in Abstimmung mit den zuständigen Fachbehörden und den Trägern öffentlicher Belange erstellt wird. In § 1 (5) Baugesetzbuch (BauGB) wird bei der Aufstellung der Bauleitplanung gefordert, die Belange des Umweltschutzes, des Naturschutzes und der Landschaftspflege zu berücksichtigen. Dies geschieht in Form eines Landschaftsplanes, der den ökologischen Fachbeitrag zur Flächennutzungsplanung (vorbereitende Bauleitplanung) darstellt. Der Landschaftsplan ist in § 6 Bundesnaturschutzgesetz (BNatSchG) sowie § 7 und 9 Naturschutzgesetz Baden-Württemberg (BWNatSchG) verankert. Er hat die Aufgabe, die Erfordernisse und Maßnahmen zur Verwirklichung der Landschaftsentwicklung unter Berücksichtigung der Ziele und Aufgaben des Naturschutzes, der Landschaftspflege und der Erholungsvorsorge darzustellen. Der Landschaftsplan besitzt Empfehlungscharakter, sofern er nicht vollständig oder in Teilen in den Flächennutzungsplan übernommen wird.

Landschaftsplan und Flächennutzungsplan sind in die übergeordnete Raumordnung eingebettet, die ihre rechtlichen Grundlagen aus dem Raumordungsgesetz (ROG) und der Raumordnungsverordnung (ROV) des Bundes sowie aus den landesrechtlichen Gesetzen und Verordnungen bezieht. Für die Planerstellung sind eine Vielfalt weiterer Bundesgesetze (z.B. WHG, BBodSchG, BImSchG, DMG, BWaldG) und -verordnungen (z.B. AbfKlärV, GrwV, AbwV, BArtSchV), Landesgesetze und -verordnungen und planerische Vorgaben (in Baden-Württemberg Landschaftsentwicklungsplan und Landschaftsrahmenprogramm sowie Regionalplan und Landschaftsrahmenplan) zu beachten.

5.2 Anlass und Durchführung des Landschaftsplans St. Georgen i. Schw.

Die Stadt St. Georgen im Schwarzwald hat 1994 die Neuaufstellung des Flächennutzungsplans beschlossen, um neue Flächen für Wohnbebauung und Gewerbebetriebe ausweisen zu können. Der derzeitig rechtsgültige Flächennutzungsplan wurde 1981 genehmigt. Er enthält keine landschaftsökologischen Zielvorstellungen für das Gemeindegebiet der Stadt St. Georgen (HANGARTER 1981). Aus diesem Grund wurde vom Gemeinderat beschlossen, einen Landschaftsplan mit zeitlichem Vorlauf zum Flächennutzungsplan zu erarbeiten, um bei der Flächenausweisung die Belange von Natur und Landschaft entsprechend berücksichtigen zu können.

1995 beauftragte die Stadt St. Georgen die ARGE Landschaftsplan, eine Arbeitsgemeinschaft bestehend aus dem Institut für Ökosystemforschung (IFÖ), Freiburg, der Firma Zeeb Ökologie- und Umweltplanung, Ulm, und der Firma Hess-Härtling, Büro für Landschaftsplanung und Umweltschutz (LAPLUS), Ettenheim, einen Landschaftsplan zu erstellen. Dieser Landschaftsplan weist den in Baden-Württemberg üblichen Ablauf Bestandsaufnahme, Potentialbewertung, Konfliktanalyse, Maßnahmen sowie Folgeplanungen auf (ARGE LANDSCHAFTSPLAN 1997). Die Bewertung erfolgt weitgehend auf der Grundlage der BALVL (MARKS et al. 1992), wobei die Bewertungsverfahren nach den Ansprüchen eines Landschaftsplans abgeändert bzw. vereinfacht wurden und eine dreistufige Endskala (hoch, mittel, gering) benutzt wurde. In verschiedenen Passagen des Landschaftsplans werden zwar eine Reihe von rechtlichen und planerischen Vorgaben genannt, diese werden jedoch nicht systematisiert bzw. konsequent zu den zugrunde liegenden primären Zielen in Beziehung gesetzt.

5.3 Einführung in den Untersuchungsraum

5.3.1 Naturräumliche Einführung

Die Gemarkung St. Georgen (Abb. 5) liegt im Übergangsbereich des Südöstlichen Schwarzwaldes und des Mittleren Talschwarzwaldes (MEYNEN & SCHMITTHÜSEN (1962). Im nördlichen Teil des Planungsgebietes liegt das Einzugsgebiet der Schiltach, das zur naturräumlichen Einheit 153.121 (Oberer Schiltach- und Lauterbachwald) gehört und ca. 20% des Planungsgebiets ausmacht, während der Rest der Gemarkung von den Brigachhöhen eingenommen wird (154.20). Beide Einheiten werden durch die europäische Hauptwasserscheide zwischen Rhein und Donau getrennt. Die Schiltach entwässert in den Rhein, während die Brigach einer der Quellflüsse der Donau ist (FISCHER & KLINK 1967).

Die Gemarkung St. Georgen stellt ein Waldmittelgebirge dar, das in Kuppen und Rücken aufgelöst ist. Die Täler und die unteren Hangbereiche werden von den Gesteinen des Triberger Granitmassivs und den etwas weicheren Renchgneisen gebildet, die stellenweise von noch härteren Ganggesteinen (Granitporphyr und Granophyr) durchsetzt sind. Auf dem kristallinen Grundgebirge stehen die Schichten des mittleren und oberen Buntsandsteins in unterschiedlicher Mächtigkeit an (SAUER 1899, SCHALCH 1897, SCHALCH & SAUER 1903). Die Oberläufe von Schiltach und Brigach haben sich bis auf den kristallinen Sockel des Grundgebirges eingeschnitten und die Sedimentschichten der östlichen Randplatte des Buntsandsteins in einzelne Riedel und zerlappte Hochflächen aufgelöst. Diese Buntsandsteinhochflächen stellen Reste des ehemalig geschlossenen, nach Osten einfallenden, Deckgebirges dar und sind echte Schichtflächen (LIEHL 1934, MÄCKEL 1992), die ausgeprägte Verebnungen zwischen 880 m bis 930 m Höhe besitzen. Im Durchschnitt beträgt die Höhe der Schichtstufe zwischen 60 m und 80 m.

Die Gneise und Granite des Grundgebirges verwittern relativ langsam, bieten aber eine ausreichende Nährstoffversorgung. So kann auf ungestörten, ebenen Standorten ein tiefgründiger Verwitterungsgrus entstehen, auf welchem sich lockere, gut durchlüftete, trocken-warme und leicht saure Braunerden bildeten (MERZ 1987). Im Übergangsbereich zwischen Deckgebirge und Grundgebirge können aufgrund der

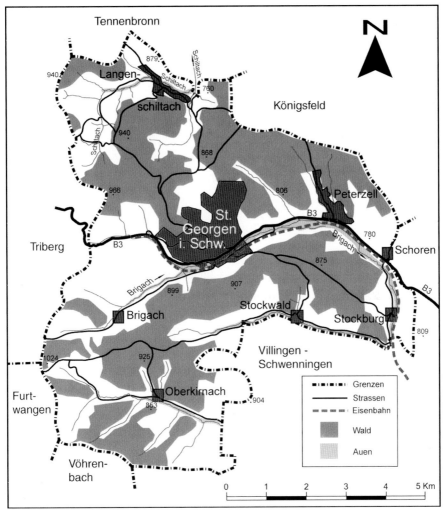

Abb. 5: Die Gemarkung St. Georgen.

Quellhorizonte Hanggleye, Moorgleye und Übergangsmoore auftreten. An den Unterhängen und in den Tälern kommen je nach Wasserangebot alle Übergänge zwischen Braunerden, Gleyböden, Anmoorböden und Flachmooren vor. Die Gebiete, in denen der Buntsandstein ansteht, sind im allgemeinen für die landwirtschaftliche Nutzung weniger geeignet. Der Sandstein ist grobkörnig, nährstoffarm, wasserdurchlässig und besitzt eine geringe Bindigkeit. Großflächige Fichtenkulturen, die seit Mitte des 19. Jahrhunderts angelegt wurden, führten zu einer Versauerung der Waldbraunerden und damit zur Podsolierung. Je nach Vegetation und Nutzung sind heute auf Sandstein Braunerden, Waldbraunerden, Podsolbraunerden und Braunerdepodsole mit geringer bis mittlerer Mächtigkeit anzutreffen.

MÜLLER & OBERDORFER (1974) geben für das Untersuchungsgebiet als potentielle natürliche Vegetationseinheiten den Labkraut-(Buchen-)Tannenwald auf kristallinem Gestein und den Beerstrauch-Tannenwald mit Preiselbeere und Kiefer auf

Sandstein an. In den Auenbereichen würde sich ein Hainmieren-Schwarzerlen-Auenwald einstellen. Die aktuelle Vegetation des Planungsgebietes wird durch Dauergrünland und großflächige Waldbestände bestimmt. Der Wald befindet sich vornehmlich auf den Höhenzügen und den Plateaulagen und nimmt nahezu die Hälfte (47 %) des Untersuchungsgebietes ein (HENEKA 1993). Die Baumzusammensetzung hat sich durch den wirtschaftenden Menschen stark verändert. So dominiert heute die Fichte mit 73% vor der Waldkiefer (20%) und der Tanne (7%). Der Laubholzanteil liegt unter 1% (HAKE 1992).

Das Klima im Planungsgebiet St. Georgen zeichnet sich aufgrund seiner Höhenlage sowie der geographischen Lage (subatlantisches Klima) durch eine Jahresmitteltemperatur von 6,5° C und einen mittleren Jahresniederschlag von 1024 mm aus (DWD 1953, 1994).

5.3.2 Kulturgeographische Einführung

Vor dem 11. Jahrhundert waren die inneren, dicht bewaldeten Bereiche des Schwarzwalds nahezu unbesiedelt. Die eigentliche Landnahme erfolgte mit der Gründung des Klosters St. Georgen im Jahr 1083. Durch Kauf und Schenkung kam nahezu die gesamte Gemarkungsfläche von St. Georgen in den Besitz des Klosters (HENEKA 1993). Mit der Säkularisierung (1810) und schließlich der Gemeindereform im Jahre 1972 entstand die heutige administrative Einheit der Gemarkung St. Georgen mit einer Gesamtfläche von 5986 ha (STADT ST. GEORGEN 1991).

Die Siedlungsstruktur des Raumes wird durch die Kernstadt St. Georgen (11 000 E.) dominiert (Abb. 5). Hier wohnen und arbeiten ca. 80% der Bevölkerung der Gemarkung (Stadt St. GEORGEN 1998). Die restlichen Bewohner verteilen sich weitgehend auf die Ortsteile Peterzell (1500 E.), Brigach (860 E.), Langenschiltach (600 E.), Oberkirnach (250 E.) und Stockburg (120 E.) - (Stadt St. GEORGEN 1998). Oberkirnach und Stockburg besitzen keinen ausgeprägten Siedlungskern; sie stellen verwaltungsbedingte Zusammenfassungen von Einzelhöfen und Weilern dar. Wie die Hauptsiedlungsachse verlaufen auch praktisch alle wichtigen Wirtschafts- und Verkehrsachsen im Brigachtal. Sowohl die Bahntrassen als auch die Bundesstraße 33, die von Offenburg über Villingen-Schwenningen nach Konstanz führen, verlaufen vom Sommerausattel aus durch das Tal der Brigach (Abb. 5).

Die Landwirtschaft besitzt nur noch eine untergeordnete wirtschaftliche Bedeutung für St. Georgen. Seit Beginn der Industrialisierung ist ein Rückgang der landwirtschaftlich genutzten Fläche um 15 % zu verzeichnen, wobei die Ackerfläche überproportional (um fast 80%) abnahm. Gleichzeitig gingen die Zahlen der landwirtschaftlichen Betriebe sowie die der in der Landwirtschaft beschäftigten Personen deutlich zurück (STADT St. GEORGEN 1993). Sinkende Erzeugerpreise und verbesserte Transportwege machten den Anbau von Kartoffeln und Getreide unrentabel. Um die sinkenden Verkaufserlöse und die damit verringerten Betriebseinkommen aufzufangen, spezialisierten sich viele Betriebe auf die Milch- und Fleischproduktion. Dies hatte eine Zunahme der Rinderhaltung um 47 % und eine vermehrte Umwandlung von Ackerland in Dauergrünland (Anstieg um 60 %) zur Folge (STADT St. GEORGEN 1993).

Daher besteht der landwirtschaftlich genutzte Teil des Gebietes hauptsächlich aus Dauergrünland, das mit sehr unterschiedlicher Intensität bewirtschaftet wird. Zum

Intensivgrünland zählen artenarme Wiesen und Weiden, die sich durch gute Nährstoffversorgung infolge intensiver Düngung und durch dichte, hochwüchsige Bestände
auszeichnen. Grünland mittlerer Standorte weist eine größere Artenvielfalt auf und
wird überwiegend von montanen Goldhaferwiesen gebildet. In tieferen Lagen erfolgt
der Übergang zu Glatthaferwiesen. Extensivgrünland findet sich an vernässten Standorten (Nasswiesen, Silikatbinsenwiesen, Niedermoore) bzw. an Steillagen
(Rotschwingelweiden, Besenginsterheiden). Während sich die intensive Bewirtschaf-
tung in Form von Äckern, Silagewiesen und Mähweiden auf die Kuppen und sanft
geneigten Hänge der Granit- und Gneisgebiete konzentriert, werden die feuchten
Talauen und die steilen Hänge extensiv oder gar nicht mehr bewirtschaftet.

Die wirtschaftliche Entwicklung von St. Georgen wurde seit dem späten 17. Jahrhun-
dert, als die Uhrmacherei Einzug hielt, durch Heimgewerbe, Manufakturen und
Industrie geprägt. Gewerbe und Industrie konzentrierten sich in der Stadt St. Georgen.
Es entwickelte sich eine einseitige industrielle Monostruktur, die sich auf die Uhren-
herstellung und Feinmechanik beschränkte (BOELCKE 1991). Mit dem Niedergang
der Feinmechanikindustrie Ende der 70er Jahre erfolgte ein starker Verlust der
Beschäftigten- und Einwohnerzahlen. So ging die Zahl der Beschäftigten in St.
Georgen zwischen 1980 und 1992 um 21% zurück. Im gleichen Zeitraum sank die
Einwohnerzahl um 10%, wobei die Arbeitslosenzahlen deutlich anstiegen (St.
GEORGEN 1993). Die Stadt St. Georgen bemüht sich seither verstärkt, die wirtschaft-
liche Grundlage der Stadt zu diversifizieren und Anreize für Neuansiedlungen von
Industrie und Gewerbe zu schaffen.

Eine Option zur wirtschaftlichen Diversifizierung besteht in der Intensivierung des
Fremdenverkehrs. Die Umgebung von St. Georgen bietet aufgrund der naturräumlichen
Ausstattung vielseitige Möglichkeiten für naturnahe Erholungs- und Freizeitaktivitäten.
Die Gemarkung verfügt auch über eine Reihe von Gebieten, denen eine besondere
Erholungsfunktion zugeschrieben wird. Dazu zählen beispielsweise die von der
FORSTDIREKTION FREIBURG (1990) ausgewiesenen Erholungswälder der Stufe
II, die Natur- und Landschaftsschutzgebiete, die Auenbereiche, aber auch die im
Stadtgebiet angelegten Grün- und Parkflächen, die bereits im direkten Wohnumfeld
Möglichkeiten zur Freizeitnutzung bieten. St. Georgen verfügt auch über ein reichhal-
tiges Angebot an Hotels, Pensionen, Gasthöfen, Privatzimmern und Ferienwohnun-
gen mit insgesamt 1039 Betten. Die Anzahl der Übernachtungen ist in den letzten 10
Jahren langsam aber stetig auf deutlich über 100 000 angewachsen. Etwa 70% der
Übernachtungen erfolgen im Sommer (STÄDTISCHES FREMDENVERKEHRS-
AMT St. GEORGEN 1994).

5.4   Das an primären Zielen ausgerichtete Verfahren im Überblick

Bei einer konsequenten Umsetzung des Ansatzes von LEHNES & HÄRTLING
(1997) würde der Ablauf der Erstellung eines Landschaftsplans folgendermaßen
aussehen:

Festlegung des Untersuchungsrahmens

Bei einem an der teleologischen Argumentation ausgerichteten Verfahren müsste
zunächst eine Bestandsaufnahme der vorliegenden Zielsetzungen durchgeführt werden. Dazu gehören von den Beteiligten geäußerte Ziele und Wünsche sowie überge-

ordnete planerische und rechtliche Vorgaben. In diese Sammlung sollten geplante wirtschaftliche Aktivitäten und Nutzungsansprüche, die Umweltauswirkungen nach sich ziehen können, einbezogen werden. Die gemeinsame Ermittlung der für den Planungsraum relevanten primären Ziele sollte allen Beteiligten die Sicherheit geben, dass ihre Anliegen ernst genommen werden. Dadurch kann sich die Bereitschaft erhöhen, sich auf die Ziele der anderen Beteiligten einzulassen und im Konfliktfall gemeinsam ernsthaft nach Lösungsmöglichkeiten zu suchen.

Bestandsaufnahme

Die Bestandsaufnahme kann wie üblich erfolgen. Die vorangegangene Zieldiskussion erlaubt allerdings, zielgerichtet diejenigen Flächen und Schutzgüter detaillierter zu untersuchen, für die sich Konflikte oder Handlungsbedarf abzeichnen könnten. Auf diese Weise kann das vorhandene Budget effizienter eingesetzt werden.

Bestandsbewertung

Die Schutzgüter werden räumlich differenziert daraufhin bewertet, inwieweit sie zur Erreichung konkreter primärer Ziele beitragen. Hierbei sollten allgemeine Eignung, Relevanz und aktuelle Beeinträchtigungen bewertet (Wertigkeit) sowie künftige Gefährdungen und Verbesserungsmöglichkeiten der Leistungsfähigkeit dargestellt werden.

Konfliktanalyse und Konfliktbewältigung

Konfligierende Ansprüche an bestimmte Flächen und Schutzgüter werden daraufhin analysiert, welche primären Ziele inwiefern in gegenläufiger Weise betroffen sind. Bei schwerwiegenden Konflikten sollten verschiedene Lösungsvarianten in diese Analyse einbezogen werden. Die Entscheidungsträger müssen die Konflikte durch vorziehende oder ausgleichende Abwägung bewältigen.

Leitbild und Maßnahmenplan

Als Ergebnis der Konfliktbewältigung wird ein konkretes Leitbild formuliert. Auf Grundlage des Leitbildes und der darin formulierten Prioritäten wird ein Maßnahmenplan zur schrittweisen Umsetzung des Leitbildes erstellt.

5.5 Festlegung des Untersuchungsrahmens

Die Festlegung des Untersuchungsrahmens basiert einerseits auf kommunalen Zielen und andererseits aus übergeordneten gesetzlichen und planerischen Vorgaben. Es ist sinnvoll, die Beteiligten schon in diesem Stadium mit dem Ansatz einer auf primären Zielen beruhenden Planung vertraut zu machen und die primären Ziele heraus zu arbeiten, die den unterschiedlichen Zielvorgaben zugrunde liegen. Möglicherweise kann ein noch sehr allgemein gehaltenes, vorläufiges Leitbild Konsens finden. Andernfalls werden die wesentlichen Konfliktfelder deutlich werden. Auf dieser Grundlage kann der Untersuchungsrahmen sinnvoll abgesteckt werden.

5.5.1 Kommunale Ziele in St. Georgen

In früheren Sitzungen des Gemeinderats von St. Georgen wurden bereits eine Reihe von Vorgaben bzw. Zielen formuliert, die für die landschaftlichen Belange im

Umweltbericht der Stadt St. Georgen zusammengefasst sind (STADT St. GEORGEN 1993). So wird der "...Schutz und sparsame Verbrauch von Wasser als dem Lebensmittel Nr. 1.." gefordert, die Luftschadstoffbelastung soll "...durch schadstoffarme Anlagen..." reduziert werden, oder es sollen "...Maßnahmen zum Schutz der Natur und Umwelt" ergriffen werden (STADT St. GEORGEN 1993: 123,140,154). Bei diesen Vorgaben handelt es sich zunächst um sehr allgemein formulierte, abgeleitete Ziele.

Eine weitere Vorgabe liegt in der Beschlussfassung des neuen Flächennutzungsplans selbst. Er wird benötigt, um Baugebiete für Wohnbebauung und für Industrie- und Gewerbebetriebe ausweisen zu können. Diese Neuausweisungen bilden eine wichtige Voraussetzung für die angestrebte wirtschaftlichen Diversifizierung und damit für die Bewältigung der seit den 80er Jahren anhaltenden wirtschaftlichen Schwierigkeiten von St. Georgen (vgl. Kap. 5.3.2). In diesem Zusammenhang will die Stadtverwaltung den Tourismus als ergänzenden Wirtschaftszweig ausbauen. Damit gewinnen auch der Arten- und Biotopschutz sowie der Landschaftsschutz eine wirtschaftliche Bedeutung.

5.5.2   Übergeordnete planerische Vorgaben

Das letztgenannte Anliegen wird durch den derzeit gültigen Regionalplan der Region Schwarzwald-Baar-Heuberg unterstützt, in dem der Raum St. Georgen als Vorrangfläche für den Tourismus ausgewiesen ist (RVSBH 1991).

Zudem nennt der Regionalplan eine ganze Reihe von landschaftlichen Zielen, die teilweise bereits sehr konkrete Vorgaben für die Überplanung des Raumes beinhalten. So werden z.B. in Kapitel drei (Regionale Freiraumstruktur) für das Schutzgut Wasser folgende Ziele benannt (RVSBH 1992:17f):

- "Die noch vorhandenen natürlichen Überschwemmungsflächen sind in ihrem derzeitigen Umfang zu erhalten und vor solchen Nutzungen zu schützen, die ihre Retentionsfähigkeit vermindern. Eine weitere Überbauung von Überschwemmungsflächen ist nicht mehr vertretbar."

- "Begradigte Flussabschnitte sind, soweit wie möglich, zu renaturieren. Wasserbaulich Maßnahmen zur Abflussbeschleunigung sind zu unterlassen, um den Wasserabfluss zu verringern und damit die Retentionsleistung zu erhöhen."

- "Gewässerschutzstreifen sind zu erhalten bzw. neu anzulegen, um die Artenvielfalt zu erhöhen, ein regionales Biotopverbundsystem zu schaffen und um die Gewässer vor Stoffeinträgen zu schützen. Der Erwerb von Gewässerschutzstreifen durch die öffentliche Hand sollte daher für alle Fließgewässer der Region angestrebt werden."

- "Wasserschutzgebiete sind vor Beeinträchtigungen durch Landwirtschaft, Siedlung und Verkehr zu bewahren und dort, wo es die hydrogeologischen Verhältnisse erfordern, weiter zu vergrößern"

Diese Ziele sind Präzisierungen der im Landschaftsrahmenplan enthaltenen Vorgaben:

"Wasserbauliche Maßnahmen und andere Baumaßnahmen an Fließgewässern sollen so erfolgen, dass Uferbereiche naturnah erhalten bzw. entsprechend bepflanzt werden und die Talauen ihre Funktion als Retentionsräume für den Hochwasserschutz weiterhin erfüllen können" (RVSBH 1983).

Auch für die anderen Schutzgüter machen Landschaftsrahmenplan und Regionalplan planerische Vorgaben, aus denen sowohl primäre als auch abgeleitete Ziele für den Untersuchungsraum extrahiert werden können.

5.5.3   Übergeordnete gesetzliche Vorgaben

In der Landschaftsplanung müssen die Vorgaben der Naturschutzgesetze beachtet werden (vgl. Kap. 5.1); sie stehen allerdings unter Abwägungsvorbehalt. Aus diesem Grunde müssen die in ihnen enthaltenen bzw. ihnen zugrunde liegenden primären Ziele im Planungsprozess berücksichtigt werden. In der Regel stimmen die nachgeordneten Verordnungen und Richtlinien und Planungsvorgaben mit den übergeordneten überein, konkretisieren diese jedoch für ihren Geltungsbereich. Der Vergleich von BNatSchG und BWNatSchG zeigt allerdings, dass nachgeordnete Bestimmungen zusätzliche primäre Ziele aufnehmen können.

Im Zweckparagraphen des BNatSchG lautet § 1, Abs. 1 folgendermaßen:

"Natur und Landschaft sind im besiedelten und unbesiedelten Bereich so zu schützen, zu pflegen und zu entwickeln, daß

1. die Leistungsfähigkeit des Naturhaushalts,

2. die Nutzungsfähigkeit der Naturgüter,

3. die Pflanzen- und Tierwelt sowie

4. die Vielfalt, Eigenart und Schönheit von Natur und Landschaft

als Lebensgrundlage des Menschen und als Voraussetzung für seine Erholung in Natur und Landschaft nachhaltig gesichert sind." (BNatSchG § 1, (1)).

Die in § 1 BNatSchG genannten Ziele sind demnach ausschließlich auf den Menschen hin orientiert. Von dieser rein anthropozentrischen Zielformulierung unterscheidet sich der entsprechende Paragraph im Landesnaturschutzgesetz i.d.F. vom 13.2.1989 von Baden-Württemberg auf bemerkenswerte Weise:

"(1) Durch Naturschutz und Landschaftspflege sind die freie und die besiedelte Landschaft als Lebensgrundlage und Erholungsraum des Menschen so zu schützen, zu pflegen, zu gestalten und zu entwickeln, daß

1. die Leistungsfähigkeit des Naturhaushalts,

*2. die Nutzungsfähigkeit der Naturgüter (Boden, Wasser, Luft, Klima, **Tier- und Pflanzenwelt**) sowie*

3. die Vielfalt, Eigenart und Schönheit von Natur und Landschaft

nachhaltig gesichert werden.

(2) Der freilebenden Tier- und Pflanzenwelt *sind angemessene Lebensräume zu erhalten. Dem Aussterben einzelner Tier- und Pflanzenarten ist wirksam zu begegnen."*

(BWNatSchG § 1 (1), (2) Hervorhebungen durch die Autoren)

Die Tier- und Pflanzenwelt ist gemäß Abs. 1 – wie im Bundesgesetz – nur insofern zu schützen, als sie den Lebensgrundlagen des Menschen und seiner Erholung dient. Im Gegensatz zum BNatSchG werden im Abs. 2 jedoch zusätzlich Schutzziele für Pflanzen und Tiere formuliert. Im Unterschied zu Absatz 1 und zum Bundesgesetz enthält Absatz 2 für den Schutz der freilebenden Tier- und Pflanzenwelt bzw. vom

Aussterben bedrohter Arten keinerlei Hinweise auf übergeordnete Zwecke. Dieser auffallende Unterschied zum Bundesgesetz lässt sich kaum anders interpretieren, als dass der Gesetzgeber in Baden-Württemberg die Tier- und Pflanzenwelt auch um ihrer selbst schützen will.

Diese Intention stimmt mit der diesbezüglich präzisierten Präambel des 1992 von der Bundesrepublik Deutschland unterzeichneten Übereinkommens über die Biologische Vielfalt (Biodiversitätsabkommen) überein:

"Die Vertragsparteien - im Bewusstsein des Eigenwertes der biologischen Vielfalt sowie des Wertes der biologischen Vielfalt und ihrer Bestandteile in ökologischer, genetischer, sozialer, wirtschaftlicher, wissenschaftlicher, erzieherischer, kultureller und ästhetischer Hinsicht sowie im Hinblick auf ihre Erholungsfunktion, [...] sind wie folgt übereingekommen." (BMU, o.J.)

Für das Zielsystem des Landschaftsplans folgt aus diesen Vorgaben, dass die Erhaltung angemessener Lebensräume für die Tier- und Pflanzenwelt sowohl als primäres Ziel als auch als abgeleitetes Ziel behandelt werden sollte.

5.5.4   Allgemeine primäre Ziele für den Landschaftsplan St. Georgen

Abb. 6 zeigt schlagwortartig das allgemein gehaltene, ungewichtete primäre Zielsystem für den Landschaftsplan St. Georgen sowie einen ersten Ableitungsschritt, der direkt aus § 1 BWNatSchG extrahiert werden kann. Als für den ökologischen Fachbeitrag relevante primäre Ziele können somit "Erhaltung und Entwicklung der Lebensgrundlagen des Menschen", "Erhaltung und Entwicklung des Erholungsraums des Menschen" und "Schutz von Pflanzen und Tieren" benannt werden.

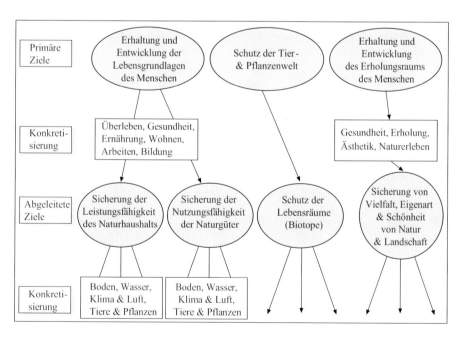

Abb. 6:   Das allgemeine, ungewichtete primäre Zielsystem gemäß § 1 BWNatSchG.

125

Der Begriff "Lebensgrundlagen des Menschen" impliziert vor allem die primären Ziele Überleben und Gesundheit. Aus der Nennung der "Nutzungsfähigkeit der Naturgüter" in diesem Zusammenhang kann geschlossen werden, dass der Begriff ‚Lebensgrundlagen' wohl in einem recht weiten Sinn verstanden wurde und auch die den wirtschaftlichen Aktivitäten zugrunde liegenden primären Ziele umfasst, z.B. Versorgung mit Nahrung und Konsumgütern, sicheres Einkommen, Selbstverwirklichung etc.

Die Erreichung der im § 1, (1) BWNatSchG genannten abgeleiteten naturbezogenen Ziele

- Sicherung der Leistungsfähigkeit des Naturhaushalts,

- Nutzungsfähigkeit der Naturgüter (konkretisiert als Boden, Wasser, Luft, Klima, Tier- und Pflanzenwelt) sowie

- Sicherung von Vielfalt, Eigenart und Schönheit von Natur und Landschaft ist somit Mittel für ein ganzes Bündel menschenbezogener Selbstzwecke.

Der Erhalt angemessener Lebensräume bezweckt direkt den Erhalt der freilebenden Tier- und Pflanzen*welt*. Der sehr unspezifische Ausdruck ‚freilebende Tier- und Pflanzenwelt' ist weit umfassender als nur ‚Tier- und Pflanzenarten'. Er umfasst neben den freilebenden Arten auch freilebende Populationen, die nicht vom Aussterben bedroht sind, bzw. Lebensgemeinschaften vor Ort. Für dieses sehr weit gefasste Bezugsobjekt wurde das Ziel durch den Hinweis auf die Angemessenheit relativiert, während dem Schutz der Arten vor dem Aussterben eine deutlich höhere Priorität verliehen wurde ("ist wirksam zu begegnen").

Bezüglich des Naturhaushalts, der Naturgüter und der Lebensräume (Biotope) muss im Hinblick auf die unterschiedlichen primären Ziele jeweils differenziert werden, welche Kombinationen von Merkmalsausprägungen der Kompartimente Boden, Wasser, Klima und Luft, Tieren und Pflanzen sowie der Energie- und Stoffflüsse zwischen den Kompartimenten anzustreben sind. Eine konkrete Behandlung und Bezugsetzung zu primären Zielen kann sinnvollerweise erst nach der Bestandsaufnahme im Rahmen der Potentialbewertung vorgenommen werden.

5.5.5   Vorläufiges, allgemeines Leitbild für den Landschaftsplan St. Georgen

Für die Gemeinde St. Georgen besteht – auf allgemeinem Niveau - eine Kongruenz zwischen den eigenen Zielen und den übergeordneten planerischen und gesetzlichen Vorgaben. Dies beruht u.a. auf der Intention, das touristische Potential einer reichhaltigen Natur- und Landschaft künftig besser zu nutzen. Somit würde das folgende noch undifferenzierte, allgemeine Leitbild für den Gesamtraum wohl weitestgehend auf Konsens stoßen:

> "Für die Dauer des Landschaftsplans St. Georgen soll die Gemarkung St. Georgen so entwickelt werden, dass das Überleben und die Gesundheit der in diesem Raum lebenden und arbeitenden Menschen gewährleistet ist. Um Raum zum Wohnen und Arbeiten zu schaffen sollen Bau- und Gewerbegebiete ausgewiesen werden. Die Ausweisung dieser Gebiete soll aber soweit wie möglich so gehandhabt werden, dass keine wertvollen Biotope und keine in ihrer Existenz gefährdeten Pflanzen- und Tierarten betroffen sind. Eine hohe Priorität für den Raum St. Georgen besitzt auch der Landschaftsschutz, da

eine intakte Landschaft als Erholungsraum für die einheimische Bevölkerung als auch für den Tourismus von großer Bedeutung ist."

Das Überleben und die Gesundheit des Menschen werden – wie in der Regel auch sonst – prioritär gesetzt. Die primären Ziele, die sich auf das Wohnen und Wirtschaften des Menschen beziehen, werden zusammen mit dem Arten- und Biotopschutz auf die nächste Stufe gestellt. Der Schutz der Landschaft tangiert alle drei o.g. allgemeinen primären Zielbereiche und wird daher ebenfalls hoch gewichtet.

Für die Landschaftsplaner, die sich einen ersten Überblick über das Gemarkungsgebiet verschafft haben, zeichnet sich schon in diesem Stadium ab, dass vor allem für einige Auenbereiche ein hohes Konfliktpotenzial besteht. Daher sollen bei der Darstellung des weiteren Verfahrensablaufs die Auengebiete exemplarisch dargestellt werden.

5.6 Bestandsaufnahme am Beispiel der Auengebiete

Das Planungsgebiet St. Georgen zeichnet sich aufgrund seiner geographischen Lage und der subatlantischen Klimaverhältnisse durch einen großen Wasserreichtum aus. Der Niederschlag wird durch die Entwässerungssysteme von Schiltach, Brigach, Röhlinbach und Kirnach abgeführt, die von einer Vielzahl kleiner Nebenbäche gespeist werden. Nach der Fliessgewässertypologie von OTTO & BRAUKMANN `(1983) gehören diese Gewässer zu den Bergbächen (mit Auenentwicklung) bzw. zu den Wiesen-Bergbächen mit einem durchschnittlichen Gefälle von 1,5 – 3%. Sie zeichnen sich durch eine gestreckte bis geschlängelte Laufentwicklung, eine erhebliche Profiltiefe, eine schotterreiche Sohlstruktur, und lückige bis durchgängige Ufergehölze aus. In einer 1992/93 von der Landesanstalt für Umweltschutz (LfU) durchgeführten Übersichtskartierung der morphologischen Naturnähe der Fließgewässer in Baden-Württemberg wurde der Schiltach, der Kirnach und dem Röhlinbach die Zustandsklasse 2 ("deutlich beeinträchtigt") zugeordnet. Die Brigach wurde in ihrem Oberlauf ebenfalls als "deutlich beeinträchtigt", unterhalb der Stadt jedoch als "naturfern" (Zustandsklasse 3) eingestuft (LfU 1994).

Die biologisch-ökologische Gewässeruntersuchung der Landesanstalt für Umweltschutz (LfU 1991) weist den Fließgewässern im gesamten Planungsraum eine "geringe" bis "mäßige" Belastung (Stufe I-II bis II) zu. Durch ungenehmigte industrielle Einleitungen wurde der biologisch-ökologische Gewässerzustand der Brigach unterhalb von St. Georgen in den letzten 6 Jahren allerdings mehrmals stark geschädigt, z.T. wurde der Fischbestand vollkommen vernichtet, was eine Nutzung als Angelgewässer zeitweise unmöglich machte (STADT ST. GEORGEN 1993). Daher beschreiben gewässerökologische Untersuchungen des Wasserwirtschaftsamtes Rottweil aus den Jahren 1988-90 die Brigach bereits im Oberlauf als "mäßig belastet" (Stufe II) und unterhalb der Stadt St. Georgen als "kritisch belastet" (Stufe III).

Die meisten Fließgewässer gehören zum danubischen Entwässerungssystem. Nur die Schiltach fließt über die Kinzig in den Rhein, aber auch sie bildet den typischen rhenanischen Talcharakter der tiefen Kerbsohlentäler erst mit Verlassen der Gemarkung Langenschiltach aus (HENEKA 1993). Die typische Talform in der Gemarkung St. Georgen ist daher das Muldental. Während des Holozäns haben sich die Fließgewässer um mehrere Meter in die pleistozänen Täler eingeschnitten. Vor allem die spätmittelalterliche Siedlungsphase mit umfangreichen Rodungen führte zu einer verstärkten Erosion des Colluviums und einer Aufschüttung von bis zu mehreren Meter mächtigen Auelehmen. Daher besitzen alle Fließgewässer in der Gemarkung St. Georgen eine mehr oder weniger ausgeprägte Aue. Die Böden werden durch das Grundwasser beeinflusst. Sie werden vor allem durch extensive Grünlandwirtschaft genutzt. Die Auen der Brigach zwischen der Stadt St. Georgen und Peterzell sind bereits ausgewiesene Retentionsflächen (RVSBH 1983), die bei Hochwasserereignissen die Funktion der Wasserspeicherung übernehmen sollen.

Die Auen der Brigach werden intensiv durch Siedlungen, Gewerbegebiete und Verkehrswege genutzt (vgl. Kap. 5.3.2). In geringerem Masse gilt dies auch für Schiltach, Röhlinbach und Kirnbach. Diese Vornutzungen bzw. Vorbelastungen beschränken sich nicht nur auf Siedlungs- und Gewerbeflächen, sondern es gibt es ganze Reihe von Nutzungen, wie z.B. Standorte für Holzlagerung, etc., die keiner eigenen Flächenausweisung bedürfen.

5.7   Bestandsbewertung am Beispiel der Auenbereiche

Die Bestandsbewertung erfolgt relativ grob, dafür aber flächenhaft für die gesamte unbebaute Gemarkung. Neben der üblichen schutzgutbezogenen Potentialbewertung (Eignung) gehen zusätzlich bereits die konkrete Relevanz zur Erreichung primärer Ziele sowie zusätzliche Beeinträchtigungen in die Bewertung (Wertigkeit) ein. Dadurch ergeben sich bereits signifikante Unterschiede im Vergleich zu herkömmlichen Ansätzen. Die Auenbereiche erfüllen vielfältige Funktionen für die Lebensgrundlagen des Menschen, für die Tier- und Pflanzenwelt und als Erholungsraum für den Menschen. Die Bestandsbewertung einiger wichtiger Funktionen hinsichtlich ihrer konkreten Bedeutung zur Erreichung der zugrunde liegenden primären Ziele ist im Folgenden zusammengefasst:

- Auen wird generell eine sehr hohe Eignung für das primäre Ziel "Schutz des Überlebens und der Gesundheit des Menschen" zugeschrieben, da sie bei Hochwasserereignissen eine wichtige Retentionsfunktion haben (Eignung). Daher sollten soviel naturnahe Retentionsräume wie möglich erhalten bleiben, damit kostenintensive Hochwasserschutzmaßnahmen an den großen Fließgewässern vermieden werden können.

  Die konkrete Relevanz bezieht sich sowohl auf in der Gemarkung wohnenden und arbeitenden Menschen als auch auf die Unterlieger. Einige Gewerbe- und Wohngebiete in St. Georgen und den Ortsteilen Brigach, Peterzell und Stockburg liegen bereits in den Auen. Ihre Hochwassergefährdung ist allerdings relativ gering, da (a) das Einzugsgebiet oberhalb von Brigach sehr klein ist, (b) sich mit dem Landschaftsschutzgebiet "Klosterweiher" oberhalb von St. Georgen ein Retentionsraum befindet, und (c) zwischen St. Georgen und Peterzell weitere Retentionsräume liegen. Auch für die Unterlieger ist die Hochwassergefahr relativ unbedeutend, da auf der Strecke von Stockburg nach Villingen keine Siedlungen im hochwassergefährdeten Bereich liegen. Der mittlere Hochwasserabfluss (MHQ) beträgt beim Pegel Villingen nur 33,5 m^3/s (LFU 1983). Dieser Abfluss ist durch den Gerinnequerschnitt bzw. das natürliche Retentionsvermögen der Auen und weitere anthropogene Retentionsräume vor Villingen problemlos zu verkraften. Erst ab Villingen gewinnt das Retentionsvermögen der Auen an Bedeutung, da sich (a) die Bebauungsdichte in den Auen erheblich erhöht und (b) MHQ erheblich zunimmt und bereits in Donaueschingen 68,6 m³/s erreicht (LFU 1983).

Im Untersuchungsgebiet sind mehr als 80% der Auen bzgl. ihrer Retentionsfunktion als intakt zu bezeichnen. Lediglich im Einzugsgebiet der Brigach stehen von den ursprünglichen Auen aktuell nur noch ca. 50% als Retentionsräume zur Verfügung. Das Retentionspotential der Auen im Einzugsgebiet der Brigach ist damit erheblich beeinträchtigt. Dies gilt vor allem für den Bereich südlich der Kernstadt, wo durch die Brigachaue durch bestehende Gewerbegebiete weitgehend versiegelt ist.

Aufgrund der allgemein hohen Eignung, der geringen bis mittleren konkreten Bedeutung für den Planungsraum und die bereits bestehenden Beeinträchtigungen wird die Wertigkeit der Auen für den Schutz von Leben, Gesundheit und Eigentum der Flussanlieger vor Hochwasserschäden als mittel bewertet.

- Auen wird generell auch eine hohe Eignung für die Grundwasserneubildung und den Grundwasserschutz zugeschrieben, da sie häufig als Trinkwasserreserven für die ansässige Bevölkerung dienen.

Da die Bewohner der Gemarkung St. Georgen ihr Trinkwasser aber nicht aus den Auengebieten, sondern aus den Buntsandsteingebieten bzw. aus Quellen am Übergang des Bundsandsteins zum Grundgebirge beziehen, besitzen die primären Ziele "Schutz der Gesundheit und des Überlebens der Menschen" in Bezug auf die Trinkwasserversorgung der Anwohner keine Relevanz. Auch für die direkten Unterlieger besitzen die Brigachauen keine Relevanz, da das Trinkwasser nicht aus den Auengebieten bezogen wird.

Auf der anderen Seite sind die Auengebiete sehr empfindlich gegenüber Beeinträchtigungen. So führt die Vollversiegelung der Gewerbeflächen südlich von der Kernstadt zum völligen Verlust der Grundwasserneubildungs- und Grundwasserschutzfunktionen. Für die Unterlieger ist dies von untergeordneter Bedeutung, da der Grundwasserstrom sehr langsam fließt und die Auensubstrate einen hohen Feinmaterialanteil aufweisen (hohe Pufferkapazität).

Aufgrund der hohen allgemeinen Eignung, der fehlenden Relevanz und der bestehenden Beeinträchtigungen kann die Wertigkeit der Brigachauen für das Planungsziel Schutz der Trinkwasserreserven als gering eingestuft werden.

- Naturnahen Auen besitzen generell eine sehr hohe Eignung für das primäre Ziel "Schutzes der Tier- und Pflanzenwelt", da sie zu den letzten naturnahen Biotopen in Deutschland gehören.

Die hohe konkrete Relevanz dieses primären Ziels zeigt sich auch in der Ausweisung von besonders geschützten Gebieten im Regionalplan bzw. im Landschaftsrahmenplan. So ist die gesamte Brigachaue von den Quellen bis Stockburg als "landschaftlich wertvolle Bereiche mit besonders vielfältiger Tier- und Pflanzenwelt, mit Pflanzengesellschaften von hoher Entwicklungsreife, mit für die Region typischen Vegetationstandorten sowie Lebensräumen überregional gefährdeter Tier- und Pflanzenarten" ausgewiesen (RVSBH 1983). Die natürlichen Brigachauen beherbergen eine ganze Reihe von "Rote Liste Arten". Zudem befinden sich zahlreiche Biotope in der Brigachaue, die bei der Landesbiotopkartierung erfasst wurden (SATTLER 1983) und als § 24a BWNatSchG Biotope einen besonderen Schutzstatus genießen.

Durch die Wohnbebauung in Brigach, die Gewerbegebiete südlich der Kernstadt und Randeffekte durch die Verkehrsleitlinien sind die Brigachauen allerdings erheblich belastet.

Aufgrund der hohen Eignung und Relevanz werden die Brigachauen, soweit sie nicht überbaut wurden, für das Planungsziel "Schutz der Tier- und Pflanzenwelt" als sehr wertvoll eingestuft.

- Naturnahe Auen besitzen aufgrund der Struktur- und Artenvielfalt sowie des guten Bioklimas generell auch eine sehr hohe Eignung als Erholungsraum für den Menschen.

Dies gilt in besonderem Maß für die Brigachaue, die einen Naherholungsraum für die Bewohner von St. Georgen darstellt. Ein Teil der Brigachaue bei St. Georgen ist auch als Landschaftsschutzgebiet ("LSG Klosterweiher") ausgewiesen. Diese Auengebiete sind teilweise durch Wanderwege erschlossen, weitere Erholungs-einrichtungen gibt es nicht. Die aktuelle Relevanz, d.h. inwieweit die Brigachauen als Naherholungsraum der Bewohner von St. Georgen geschätzt und genutzt werden, ist nicht anzugeben, da hierzu keine Untersuchungen vorliegen.

Durch Wohnbebauung, Gewerbegebiete, Strassen und die Bahntrasse ist auf die Erholungsfunktion in den Brigachauen beeinträchtigt.

Aufgrund der Stadtnähe, der Einsehbarkeit und des Zieles, den Tourismus auszubauen, wird den Brigachauen aber generell eine hohe Wertigkeit für die Erholungseignung zugewiesen.

- Aufgrund ihres Flachreliefs, ihrer Durchgängigkeit und Längserstreckung besitzen die Auen aber auch eine hohe generelle Eignung für den wirtschaftenden Menschen (Standortfunktion).

Das Bündel primärer Ziele, das sich auf die ökonomische Grundlagen des Menschen bezieht, ist für die Einwohner von St. Georgen von hoher Relevanz. Da die Buntsandsteinhochflächen bewaldet und teilweise als Trinkwasserschutzgebiete ausgewiesen sind, gehören die Auen zu den wenigen ebenen Flächen im Untersuchungsraum, die ohne größeren Aufwand großflächig zu bebauen sind. Ihre Durchgängigkeit und Längserstreckung macht sie, soweit Hochwasserschutz und Grundwasserabsenkung gewährleistet sind, zu optimalen Standorten für Verkehrsleitlinien.

Aufgrund der hohen Eignung und Relevanz als Standort für die Bebauung und die Nutzung als Verkehrsadern wird den Brigachauen eine hohe Wertigkeit für die wirtschaftlichen Ziele der Menschen in diesem Raum zugesprochen.

Anhand dieser ausgewählten Beispiele sollte klar geworden sein, dass die Bestands-bewertung sowohl vom "theoretischen Potential" eines Schutzgutes als auch seiner konkreten Relevanz in Bezug auf konkrete primäre Ziele und Raumeinheiten und den bestehenden Beeinträchtigungen abhängt. Die Zustandsbewertung stellt bereits eine erste Verknüpfungsebene des Zusammenspiels von geoökologischen Grundlagen und normativen Zielen dar.

5.8 Konfliktanalyse und -lösung am Beispiel der Baugebietsaus-weisung unter besonderer Berücksichtigung der Auenbereiche

Vom Gemeinderat St. Georgen wurden 33 Flächen mit einer Gesamtfläche von 62 ha zur Bebauung vorgeschlagen. Von diesen Flächen sollen 6 als Gewerbegebiete (26,3 ha), 3 als Mischgebiete (5,8 ha) und 15 zur Wohnbebauung (26,2 ha) genutzt werden.

Dazu kommen 3 Sondergebiete (Spielplatz, Sportplatz, Sport- und Versammlungshalle) und eine Außenbereichssatzung. Bei den vorgeschlagenen Flächen kam es in 12 von 33 Fällen (36%) zu Konflikten. Verursacht wurde dies meist dadurch, dass Biotop 24a (20c) Flächen tangiert wurden (50% aller Konflikte). Bei 6 Flächen waren mehrere Schutzgüter betroffen. Nach der Konfliktanalyse wurden 4 der vorgeschlagenen Flächenausweisungen von den Landschaftsplanern abgelehnt bzw. in ihrer Größe deutlich eingeschränkt.

Die Ablehnung bzw. Zustimmung durch die Landschaftsplaner erfolgte überwiegend aus formal-rechtlichen Gründen. So wurde in allen Fällen, in denen § 24a Biotope tangiert wurden, die vorgeschlagenen Fläche reduziert um diese Biotope auszusparen oder, in einem Fall, es abgelehnt, diese Fläche zur Bebauung vorzuschlagen. In 3 Fällen waren mehrere Schutzgüter massiv betroffen, auch hier wurden die Flächen von den Planern abgelehnt, und in einem Fall (s.u.) Alternativflächen angeboten. In einigen anderen Fällen, in denen ebenfalls mehrere Schutzgüter erheblich betroffen waren, wurden die Gebiete trotzdem von den Planern zur Ausweisung vorgeschlagen, da diese Gebiete bereits im alten Flächennutzungsplan ausgewiesen waren. Dabei wurden die Gebiete automatisch in den Landschaftsplan aufgenommen, ohne Berücksichtigung der Ergebnisse der Potentialbewertung bzw. der Konfliktanalyse, es wurden lediglich Vorbehalte angemeldet bzw. Auflagen für die Bebauung gemacht. Insgesamt wurden also im Landschaftsplan St. Georgen 29 Flächen zur Nutzung vorgeschlagen und nach Beteiligung der Fachbehörden vom Regierungspräsidium ausgewiesen.

Wie würde man mit diesen Konflikten umgehen, wenn man ein Umweltzielsystem unter Einbezug der primären Ziele erstellt hätte? Wenn es gelungen ist, eine ergebnisoffene Haltung beim Gemeinderat und den betroffenen lokalen Akteuren zu erzeugen und diese während des Planungsprozesses aufrecht zu erhalten, dann erhöht sich die Chance, dass die Beteiligten freiwillig, jenseits formal rechtlicher Positionen nach optimalen Konfliktlösungen suchen. Die Rückführung auf die primären Ziele kann in jedem Fall zu einer Rückbesinnung auf eine leitbildorientierte Diskussion führen, die zu einer Gleichbehandlung der Konfliktfälle führt. Dass die Rückbesinnung auf die primären Ziele und ihre konkrete Bedeutung (Gewichtung **und** Relevanz) durchaus zu neuen Lösungsansätzen von Konflikten führen könnte, soll anhand von zwei Beispielen erläutert werden:

(1)   Bei allen Konfliktfällen, in denen § 24a Biotope betroffen waren, wurde von einer Bebauung abgesehen bzw. die Flächen wurden so verkleinert, dass die § 24a Biotope nicht mehr tangiert wurden. Eine Ablehnung bzw. Ausweisung, die auf formal-rechtlichen Bestimmungen begründet ist, ist aber gegenüber der betroffenen Bevölkerung immer schwer zu vertreten. Auch bei Gebieten, bei denen eine Bebauung aufgrund einer Ausweisung als §24a Biotope schwer durchzusetzen ist, sollte nach den übergeordneten Zielen gefragt werden, d.h. warum wurde ein Biotop ausgewiesen, welche Tier- und Pflanzenarten sind betroffen, was ist ihre Relevanz (Seltenheit) etc. So wurde in Peterzell, Gewann Hagenmoos, die Größe eines Gewerbegebiets und eines Mischgebiets verringert, um ein § 24a Biotop zu erhalten (Abb. 7). Aufgrund der geringen Größe des Biotops und der Randeffekte (Gewerbegebiet im Norden und Nordwesten, Mischgebiet im Südwesten und Süden, Straße im Osten) ist zu erwarten, dass dieses Biotop in Kürze degradiert ist. Wenn man aufgrund der übergeordneten Bedeutung der betroffenen Tier- und Pflanzenarten nachweisen könnte, dass das Ziel des "Schutzes der Tier- und Pflanzenwelt" maßgeblich betroffen ist, sollten die

umgebenden Baugebiete nicht ausgewiesen werden. Bei übergeordnetem öffentlichen Interesse könnten die Biotopflächen ebenfalls mit in die Bebauung einbezogen werden. Wichtig ist dabei, dass auf einer inhaltlichen und nicht einer formal-rechtlichen Ebene und unter Bezug auf die primären Ziele hin argumentiert wird, damit die Entscheidung für die Betroffenen nachvollziehbar ist.

(2) Geht man auf die Ebene der primären Ziele zurück, so konfligieren in den Auenbereichen des Planungsraums vor allem die primären Ziele "Schutz der Tier- und Pflanzenwelt" und "Schutz des Erholungsraums des Menschen" mit verschiedenen Konkretisierungen des primären Ziels "Schutz der Lebensgrundlagen des Menschen" (vgl. Kap. 5.7). Dabei müssen sich die Beteiligten darüber im Klaren sein, dass die prioritär gesetzten Ziele "Schutz der Gesundheit und des Überlebens der Menschen" hinsichtlich der Retentionsfunktion der zur Debatte stehenden Auebereiche für die Bewohner im Planungsraum kaum relevant sind. Es stehen also die materiellen Lebensgrundlagen des Menschen ("Schutz des Eigentums etc.") im Vordergrund. Bei der Konfliktanalyse wurde deutlich, dass das umstrittene Naturraumpotential der Standortfaktor "ebene Fläche" ist. Im Naturraum der Gemarkung St. Georgen stellen die Buntsandsteinhochflächen die einzigen, ebenen Alternativflächen für die Auswei-sung von Wohnbauflächen und Gewerbegebieten dar.

In Brigach wurde ein Gebiet (SB 3), das zur Sondernutzung vorgesehen ist (Spielplatz und allg. Freizeitnutzung) ausgewiesen, obwohl es bis an den Gewässerrand reicht (Abb. 7). Hier gehen durch Aufschüttung wertvolle Retentionsflächen verloren, der Biotopwert wird stark gemindert (bisher alter Galeriewald), das Gebiet ist gut einsehbar und wurde bisher zur Naherholung genutzt. In Stockburg wurde ein weiteres Gebiet zur Wohnbebauung freigegeben, obwohl auch dieses bis in die bisher intakte Aue reicht (Abb. 7). Die Aue ist in diesem Bereich als Retentionsfläche ausgewiesen, die anderen Ziele werden aber in geringerem Maße betroffen als im Beispiel von Brigach. Bei einer Baugebietsausweisung unter Leitbildbezug würde diese Flächen nicht ausgewiesen werden, wenn der Biopschutz und die Naherholungseignung höher bewertet werden, als die Standortfunktion. Bei einer massiven negativen Beeinflus-sung mehrerer primärer Ziele sollte in jedem Fall zuerst nach Alternativstandorten gesucht werden.

Dabei ist zu bedenken, dass es für die Wohnbebauung durchaus Alternativflächen gibt. Bei einer inhaltlichen Diskussion unter Leitbildbezug würde rasch deutlich werden, dass zwar einige Waldgebiete für Erholungseignung und Trinkwassergewinnung von hohem Wert sind. Einige andere, von Fichtenforsten dominierte Wälder besitzen jedoch keine Relevanz für die Trinkwassergewinnung, sind für die Erholung wenig geeignet, und sind auch für die Tier- und Pflanzenwelt nur von geringer Bedeutung. Diese Flächen schneiden bei der Bestandsbewertung in den meisten Belangen schlecht ab und eignen sich durchaus für eine Bebauung.

Dieser Argumentationslinie wurde im Landschaftsplan einzelfallbezogen gefolgt. So wurde die Wohnbaufläche "Brodkorb" in Peterzell (SP 4) abgelehnt und dafür zwei Alternativen im Wald am Gegenhang (SP 4/1, SP 4/2) gefunden (Abb. 7). Die o.g. Beispiele zeigen jedoch, dass ohne Bezug auf ein Leitbild die Entscheidungen bei der Baugebietsausweisung durchaus nicht kongruent erfolgen.

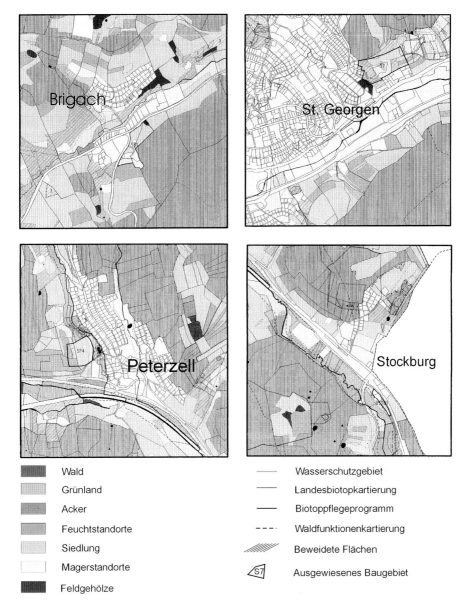

Wald

Grünland

Acker

Feuchtstandorte

Siedlung

Magerstandorte

Feldgehölze

Wasserschutzgebiet

Landesbiotopkartierung

Biotoppflegeprogramm

Waldfunktionenkartierung

Beweidete Flächen

Ausgewiesenes Baugebiet

Abb. 7:   Gebietsausschnitte aus Brigach, St. Georgen, Peterzell und Stockburg.

5.9   Ergebnissicherung: Leitbild und Maßnahmenprogramm

Bei der Diskussion um die Konflikte werden Konkretisierungen bzw. Veränderungen des Leitbilds notwendig, die schließlich zu einem umfassenden Leitbild für den Landschaftsplan St. Georgen führen. Das Leitbild fasst die wesentlichen Ziele für die wichtigsten Landschaftseinheiten schutzgutbezogen auf wenigen Seiten zusammen. Prioritätensetzungen auf der Ebene der jeweils zugrunde liegenden primären Ziele

133

werden offengelegt. Dieses Leitbild sollte so abgefasst werden, dass es der Bevölkerung Möglichkeiten bietet, sich mit ihrer Landschaft zu identifizieren. Eine einseitige Kurzfassung kann auch in Image-Prospekten sowohl für die Wirtschaftsförderung als auch für den Tourismus verwendet werden. Der Landschaftsplan sollte durch die gewählte Vorgehensweise so viel Rückhalt im Gemeinderat und in der Bevölkerung genieße, dass er großenteils in den Flächennutzungsplan übernommen wird.

Das Maßnahmenprogramm stellt die geplanten bzw. wünschenswerten Maßnahmen in einer Prioritätenliste dar. Es kann in regelmäßigen Abständen z.B. im Zuge der Haushaltsberatungen fortgeschrieben werden.

6 DISKUSSION

Der LP St. Georgen ist insofern untypisch, als es abgesehen von den im gültigen Flächennutzungsplan schon ausgewiesenen Bauflächen in der Aue, keine gravierenden Konflikte gab. Dies ist in vielen anderen Fällen, vor allem in dichter besiedelten oder intensiver genutzten Regionen sicherlich anders.

Wenn der Landschaftsplan mehr als nur eine vorgeschrieben Pflichtübung für den Aktenschrank sein soll, die letztlich nur das bestätigt, was nicht sowieso schon geplant ist, dann nur unter der Voraussetzung, dass allen Beteiligten (und der Öffentlichkeit) der konkrete Nutzen von Natur-, Umwelt- und Landschaftsschutz deutlich vor Augen geführt wird. Dies gelingt zumindest besser, wenn die primären Ziele, d.h. das worum es eigentlich geht, jeweils so konkret wie möglich, also in Bezug zur Bevölkerung und der vor Ort vorhandenen Tier- und Pflanzenwelt herausgearbeitet werden und deren Belange ernsthaft in den Prozess einbezogen werden.

Für die breiteren Zieldiskussionen und die Bestandsbewertung, die sich an der konkreten Bedeutung der Schutzgüter für i.d.R. mehrere primäre Ziele orientiert, muss ein gewisser Mehraufwand in Kauf genommen werden. Andererseits kann für wenig konfliktträchtige Bereiche die Untersuchungstiefe gegenüber einer schematischen Vorgehensweise verringert werden. Trotzdem wird zumeist unter dem Strich ein Mehraufwand verbleiben; dafür besteht jedoch die Chance, dass der Landschaftsplan auch aus Sicht der Bevölkerung als sinnvolles Instrument anerkannt wird und am Ende mehr als üblich umgesetzt wird.

Durch die Anwendung eines Zielsystems auf der Grundlage der Zweck-Mittel-Relation können unter Bezug auf die primäre Zielebene:

a) neue Lösungsansätze jenseits rechtlicher bzw. formal-faktischer Positionen (z.B. übergeordnete planerische und rechtliche Mindestvorgaben) gefunden werden,

b) Entscheidungen bzgl. der Baugebietsausweisungen besser offengelegt und vergleichbar gemacht werden,

c) die Entscheidungen von der Bevölkerung besser verstanden und nachvollzogen werden, was tendenziell zu einer größeren Akzeptanz führen sollte,

d) tendenziell eine größere Motivation erreicht werden, sinnvolle Maßnahmen auch wirklich durchzuführen.

Entscheidend beim Einsatz eines Umweltzielsystems auf Grundlage der Zweck-Mittel-Relation ist die größere Transparenz eines an der konkreten Problematik vor Ort orientierten Planungsprozesses. Die frühe Beteiligung bei der Erstellung eines allgemeinen Zielsystems erfordert eine frühzeitige Reflexion und Diskussion im Gemeinderat. Die Ergebnisse der Konfliktbewältigung durch Abwägung gegenläufiger primärer Ziele können besser an die Öffentlichkeit vermittelt werden. Für die Beteiligten ist es dann besser nachvollziehbar, warum der einen oder anderen Variante der Vorzug gegeben wurde. Informelle Einflüsse auf den Landschaftsplan ("Mauscheleien") werden erschwert, da im Konfliktfall die primären Ziele in ihrer konkreten Bedeutung benannt werden müssen.

Zugunsten der verbesserten Transparenz und Nachvollziehbarkeit müsste allerdings ein gewisser Mehraufwand in Kauf genommen werden. Dieser Mehraufwand für ein methodisch sauberes Vorgehen in einer frühen Planungsphase kann sich jedoch sowohl durch stringentere und damit effizientere Diskussionen über notwendige Prioritätensetzungen als auch durch eine verbesserte Akzeptanz schnell bezahlt machen.

7   ZUSAMMENFASSUNG

Um die erheblichen Probleme bei der Entwicklung von logisch konsistenten und öffentlich nachvollziehbaren Umweltzielsystemen und Leitbildern zu überwinden, wurde ein neues Umweltzielsystem entwickelt, das auf der Zweck-Mittel-Relation beruht. Dabei wird nicht in einzelne Hierarchiestufen unterschieden, sondern, von den logischen Ausgangspunkten der teleologischen Argumentation, den primären Zielen, ausgehend über eine unterschiedliche Anzahl von Ableitungsschritten ein Umweltzielsystem aufgebaut (top-down). Dieses System steht im Gegensatz zu den Ansätzen anderer Autoren, die versuchen, über die geoökologischen Daten zu einem Umweltzielsystem zu gelangen (bottom-up) und dabei häufig einen naturalistischen Fehlschluss begehen.

Die Entwicklung und Umsetzung eines auf der Zweck-Mittel-Relation beruhenden Zielsystems wurde am Beispiel des Landschaftsplans St. Georgen i. Sch. erläutert. Anhand mehrerer Beispiele wurde aufgezeigt, wie dieser Ansatz zu neuen Lösungsansätzen jenseits rechtlicher bzw. formal-faktischer Positionen führen kann, und wie die Entscheidungen bzgl. der Baugebietsausweisungen besser offengelegt und vergleichbar gemacht werden können. Damit können die Entscheidungen von der Bevölkerung besser verstanden und nachvollzogen werden, was tendenziell zu einer größeren Akzeptanz führen sollte. Als großer Vorteil des Ansatzes wird die größere logische Stringenz, und die höhere Transparenz beim Entscheidungsprozess für die Bevölkerung gesehen. Allerdings erfordert dieser Ansatz ein hohes Maß an Offenheit und einen gewissen Mehraufwand, der sich allerdings durch die höhere Transparenz und Akzeptanz bezahlt macht.

LITERATUR

ARGE LANDSCHAFTSPLAN (1997): Landschaftsplan St. Georgen. 3 Bd. + Karten. Freiburg.

BOELKE, W. (1991): 100 Jahre St. Georgen. Über ein Jahrhundert Dynamik des Industriezeitalters. In: STADT St. GEORGEN (Hrsg.): 100 Jahre Stadtentwicklung St. Georgen. (= Festschrift 1891 bis 1991). St. Georgen.

BUNDESMINISTERIUM FÜR UMWELT, NATURSCHUTZ UND REAKTOR-SICHERHEIT (BMU) (o.J.): Konferenz der Vereinten Nationen für Umwelt und Entwicklung im Juni 1992 in Rio de Janeiro – Dokumente – Klimakonvention, Konvention über die Biologische Vielfalt, Rio-Deklaration, Walderklärung. Bonn.

BUNDESNATURSCHUTZGESETZ (BNatSchG) (1987): Gesetz über Naturschutz und Landschaftspflege vom 12. März 1987.- (BGBl. I S. 889).

DEUTSCHER WETTERDIENST (DWD) (1953): Klimaatlas Baden-Württemberg. Bad Kissingen.

DEUTSCHER WETTERDIENST (DWD) (1994): Klimadaten 1951-1980, Meßstelle Königsfeld. Freiburg.

ENDERLEIN, W. (1992): Abwägung in Recht und Moral. Freiburg.

FISCHER, H. & KLINK, H.-J. (1967): Die naturräumlichen Einheiten auf Blatt 177 Offenburg (= Naturräumliche Gliederung Deutschlands). Bad Godesberg. 48 S.

FORSTDIREKTION FREIBURG (1990): Waldfunktionskartierung. Karte 1: 25000. Freiburg.

FÜRST, D., KIEMSTEDT, H., GUSTEDT, E., RATZBOR, G. & SCHOLLES, F. (1989): Umweltqualitätsziele für die ökologische Planung.(= Umweltbundesamt, Texte 34/92, Publiziert 1992). Berlin.

GÜNTHER, T. (1996): Methodische und praktische Aspekte der ökologischen Landschaftsbewertung. Waffenwirkung und Umwelt – Einzelstudie IV (= IFHV-Studien, Forschungshefte zur Friedenssicherung und zum Humanitären Völkerrecht 18). Bochum.

HAKE, B. (1992): Einrichtungswerk Stadtwald St. Georgen. (= unveröff. Gutachten des Forstamtes Triberg). Triberg. 52 S.

HANGARTER, E. (1981): Flächennutzungsplan der Stadt St. Georgen i. Schw. Erläuterungsbericht. St. Georgen. 90 S.

HEIDT, E., LEBERECHT, M. & SCHULZ, R. (1994): Konzeption für die Formulierung und Umsetzung von Leitbildern, Umweltqualitätszielen und Umweltstandards bei der Entwicklung von Vorstellungen für eine umweltgerechte Landnutzung im Biosphärenreservat Schorfheide-Chorin. In: Bayerische Akademie für Naturschutz und Landschaftspflege (Hrsg.): Leitbilder, Umweltqualitätsziele, Umweltstandards (= Laufener Seminarbeiträge 4/94). Laufen: 141-152.

HENEKA, L. (1991): Wald und Landschaft im Gemeindegebiet St. Georgen. In: STADT St. GEORGEN (Hrsg.): 100 Jahre Stadtentwicklung St. Georgen. (= Festschrift 1891 bis 1991). St. Georgen.

HÖFFE, O. (1980): Naturrecht - ohne naturalistischen Fehlschluß, ein rechtsphilosophisches Programm. (= Klagenfurter Beiträge zur Philosophie, Reihe: Referate 2.) Verlag des Verbandes der wiss. Ges. Österreichs. Wien. 51 S.

LANDESANSTALT FÜR UMWELTSCHUTZ (LfU) (1983): Hochwasserabflüsse in Baden-Württemberg. Donau- und Neckargebiet. Karlsruhe.

LANDESANSTALT FÜR UMWELTSCHUTZ (LfU) (1991): Gütezustand der Gewässer in Baden-Württemberg. Zustandsuntersuchung auf biologisch-ökologischer Grundlage. Stuttgart, 64 S.

LANDESANSTALT FÜR UMWELTSCHUTZ (LfU) (1994): Übersichtskartierung des morphologischen Zustands der Fließgewässer in Baden-Württemberg. Stuttgart, 62 S.

LEHNES, P. (1996): Umweltziele als Grundlage der Umweltschadensbewertung. Waffenwirkung und Umwelt – Einzelstudie IV (= IFHV-Studien, Forschungshefte zur Friedenssicherung und zum Humanitären Völkerrecht 16). Bochum.

LEHNES, P. & HÄRTLING, J.W. (1997): Der logische Aufbau von Umweltzielsystemen. In: GESELLSCHAFT FÜR UMWELTGEOWISSENSCHAFTEN (Hrsg.) Umweltqualitätsziele und Altlasten. Berlin: 9-50.

LIEHL, E. (1934): Morphologische Untersuchungen zwischen Elz und Brigach (Mittelschwarzwald). Ber. Naturf. Ges. Freiburg. 34:95-212.

MÄCKEL, R. (1992): Naturraum des mittleren und südlichen Schwarzwaldes und des Oberrheintieflandes. In: MÄCKEL, R. & METZ, B.: Schwarzwald und Oberrheintiefland. Eine Einführung in das Exkursionsgebiet um Freiburg im Breisgau. Freiburger Geog. Hefte 36:1-24.

MARKS, R., M.J. MÜLLER, H. LESER & KLINK, H.-J. (1992): Anleitung zur Bewertung des Leistungsvermögens des Landschaftshaushaltes (BALVL). (= Zentralausschuß für deutsche Landeskunde). Trier. 222 S.

MERZ, W. (1987): Böden, fluviale Morphodynamik und Talgeschichte in den Quelltälern der Schiltach, Mittlerer Schwarzwald. (= Unveröff. Staatsexamensarbei). Freiburg. 81 S.

MEYNEN, E. & SCHMITTHÜSEN, J. (Hrsg.) (1962): Handbuch der naturräumlichen Gliederung Deutschlands 1953 – 62. Bad Godesberg.

MÜLLER, T. & OBERDORFER, E. (1974): Die potentielle natürliche Vegetation von Baden-Württemberg. Beiheft Veröff. Naturschutz und Landschaftspflege Bad.-Württ. 6: 1-45.

NATURSCHUTZGESETZ VON BADEN-WÜRTTEMBERG (BWNatSchG) (1989): Gesetz zum Schutz der Natur, zur Pflege der Landschaft und über die Erholungsvorsorge in der freien Landschaft vom 13. Februar 1989.- (Gbl. S. 101).

OTTO, A. & BRAUKMANN, U. (1983): Gewässertypologie im ländlichen Raum. (= Schriftenreihe BMELV, Reihe A: Angewandte Wissenschaft, Heft 288). Münster: 1-61.

REGIONALVERBAND SCHWARZWALD-BAAR-HEUBERG (RVSBH) (1979): Regionalplan für die Region Schwarzwald-Baar-Heuberg. Villingen-Schwenningen.

REGIONALVERBAND SCHWARZWALD-BAAR-HEUBERG (RVSBH) (1983): Landschaftsrahmenplan für die Region Schwarzwald-Baar-Heuberg. Villingen-Schwenningen.

REGIONALVERBAND SCHWARZWALD-BAAR-HEUBERG (RVSBH) (1991): Fortschreibung des Regionalplanes von 1979, Kap. 2 (= unveröff. Vorabzug). Villingen-Schwenningen.

REGIONALVERBAND SCHWARZWALD-BAAR-HEUBERG (RVSBH) (1992): Fortschreibung des Regionalplanes von 1979, Kap. 3 (= unveröff. Vorabzug). Villingen-Schwenningen.

SATTLER, T. (1983): Landesweite Biotopkartierung M 1:25 000.- Loseblattsammlung der Naturschutzverwaltung von Baden-Württemberg.

SAUER, A. (1899): Erläuterungen zu Blatt 7815 Triberg. Geologische Karte M 1:25 000 von Baden-Württemberg. (=Geol. Landesamt Baden-Württemberg, Heidelberg, 1899 / Stuttgart 1984). Stuttgart. 48 S.

SCHALCH, F. (1897): Erläuterungen zu Blatt 7816 Königsfeld-Niedereschbach. Geologische Karte M 1:25 000 von Baden-Württemberg. (=Geol. Landesamt Baden-Württemberg, Heidelberg, 1897 / Stuttgart 1984). Stuttgart. 78 S.

SCHALCH, F. & SAUER, A. (1903): Erläuterungen zu Blatt 7915 Furtwangen. Geologische Karte M 1:25 000 von Baden-Württemberg.- Geol. Landesamt Baden-Württemberg, Heidelberg, 1903 / Stuttgart 1984, 35 S.

STADT St. GEORGEN (1998): Unveröff. Gemeindestatistik. St. Georgen.

STADT St. GEORGEN (1993): Umweltbericht der Stadt St. Georgen. St. Georgen. 196 S.

STADT St. GEORGEN (Hrsg.) (1991): 100 Jahre Stadtentwicklung St. Georgen i. Schw. (= Festschrift 1891 bis 1991). St. Georgen. 344 S.

STÄDTISCHES FREMDENVERKEHRSAMT St. GEORGEN (Hrsg.) (1994): Übernachtungszahlen der Fremdenverkehrsbetriebe. (=unveröff. Statistik des städt. Fremdenverkehrsamtes St. Georgen). St. Georgen.

WEINBERGER, O. (1989): Rechtslogik. Berlin.

FORSCHUNGEN ZUR DEUTSCHEN LANDESKUNDE

Auszug aus dem Verzeichnis der lieferbaren Bände

Bd 224 V. Hempel: Staatliches Handeln im Raum und politisch-räumlicher Konflikt (mit Beispielen aus Baden-Württemberg). 1985. DM 78,00

Bd 226 F. Schaffer: Angewandte Stadtgeographie. Projektstudie Augsburg. 1986. DM 72,00

Bd 227 K. Eckart: Veränderungen der agraren Nutzungsstruktur in beiden Staaten Deutschlands. 1985. DM 49,50

Bd 228 H. Leser / H.-J. Klink (Hrsg.): Handbuch und Kartieranleitung Geoökologische Karte 1:25 000 (KA GÖK 25). Bearbeitet vom Arbeitskreis Geoökologische Karte und Naturräumpotential des Zentralausschusses für deutsche Landeskunde. 1988. DM 24,80

Bd 229 R. Marks / M.J. Müller / H. Leser / H.-J. Klink (Hrsg.): Anleitung zur Bewertung des Leistungsvermögens des Landschaftshaushaltes (BA LVL). 2. Auflage 1992. DM 24,80

Bd 230 J. Alexander: Das Zusammenwirken radiometrischer, anemometrischer und topologischer Faktoren im Geländeklima des Weinbaugebietes an der Mittelmosel. 1988. DM 49,00

Bd 231 H. Möller: Das deutsche Messe- und Ausstellungswesen. Standortsstruktur und räumliche entwicklung seit dem 19. Jahrhundert. 1989. DM 65,00

Bd 232 H. Kreft-Kettermann: Die Nebenbahnen im österreichischen Alpenraum - Entstehung, Entwicklung und Problemanalyse vor dem Hintergrund gewandelter Verkehrs- und Raumstrukturen. 1989. DM 76,70

Bd 233 K.-A. Boesler u. H. Breuer: Standortrisiken und Standortbedeuitung der Nichteisen-Metallhütten in der Bundesrepublik Deutschland. 1989. DM 47,60

Bd 234 R. Gerlach: Die Flußdynamik des Mains unter dem Einfluß des Menschen seit dem Spätmittelalter. 1990. DM 75,00

Bd 235 M. Renners: Geoökologische Raumgliederung der Bundesrepublik Deutschland. 1991. DM 49,00

Bd 236 S. Pacher: Die Schwaighofkolonisation im Alpenraum. Neue Forschungen aus historisch-geographischer Sicht. 1993. DM 59,00

Bd 237 N. Beck: Reliefentwicklung im nördlichen Rheinhessen unter besonderer Berücksichtigung der periglazialen Glacis- und Pedimentbildung. 1995. DM 67,00

Bd 238 K. Mannsfeld u. H. Richter (Hrsg.): Naturräume in Sachsen. 1995. DM 33,00

Bd 239 H. Liedtke: Namen und Abgrenzungen von Landschaften in der Bundesrepublik Deutschland. Mit Karte im Maßstab 1 : 1 000 000. 1994. (Neuauflage vorgesehen)

Bd 240 H. Greiner: Die Chancen neuer Städte im Zentralitätsgefüge unter Berücksichtigung benachbarter gewachsener Städte - dargestellt am Beispiel des Einzelhandels in Traunreut und Waldkraiburg. 1995. DM 39,00

Bd 241 M. Hütter: Der ökosystemare Stoffhaushalt unter dem Einfluß des Menschen - geoökologische Kartierung des Blattes Bad Iburg. 1996. DM 49,00

Bd 242 M. Hilgart: Die geomorphologische Entwicklung des Altmühl- und Donautales im Raum Dietfurt-Kelheim-Regensburg im jüngeren Quartär. 1995. DM 46,00

Bd 244 H. Zepp u. M.J. Müller: Landschaftsökologische Erfassungsstandards. Ein Methodenhandbuch. 1999. DM 75,00

Bd 245 F. Dollinger: Die Naturräume im Bundesland Salzburg. Erfassung chorischer Naturraumeinheiten nach morphodynamischen und morphogenetischen Kriterien zur Anwendung als Bezugsbasis in der Salzburger Raumplanung. 1998. (mit CD im Anhang) DM 65,00

Bd 246 R. Glawion u. H. Zepp: Probleme und Strategien ökologischer Landschaftsanalyse (und -bewertung). 2000. DM 49,50

Bd 247 H. Schröder: Abriß der Physischen Geographie und Aspekte des Natur- und Umweltschutzes Sachsen-Anhalts. 1999. DM 49,50

Bd 248 H. Job: Der Wandel der historischen Kulturlandschaft und sein Stellenwert in der Raumordnung. 1999. DM 69,00

Neudruck/Neubearbeitung älterer Hefte:

Bd XXVIII, 1 Th. Kraus: Das Siegerland. Ein Industriegebiet im Rheinischen Schiefergebirge. 1969. DM 13,75

Bd XXVIII, 4 A. Krenzlin: Die Kulturlandschaft des hannoverschen Wendlands. 1969. DM 9,50

Bd XXVI, 3 E. Meynen: Das Bitburger Land. 1967. DM 12,10

Bd 199 B. Andreae u. E. Greiser: Strukturen deutscher Agrarlandschaft. Landbaugebiete und Fruchtfolgesysteme in der Bundesrepublik Deutschland. 2. überarb. Aufl. 1978. DM 38,00